PRODUÇÃO DE ALIMENTOS TRADICIONAIS
EXTENSÃO RURAL

LUÍS FERNANDO SOARES ZUIN
POLIANA BRUNO ZUIN

PRODUÇÃO DE ALIMENTOS TRADICIONAIS

EXTENSÃO RURAL

IDÉIAS & LETRAS

DIRETOR EDITORIAL:
Marcelo C. Araújo

EDITORES:
Avelino Grassi
Márcio Fabri dos Anjos

COORDENAÇÃO EDITORIAL:
Ana Lúcia de Castro Leite

COPIDESQUE:
Leila Cristina Dinis Fernandes

REVISÃO:
Ana Lúcia de Castro Leite
Bruna Marzullo
Leila Cristina Dinis Fernandes

DIAGRAMAÇÃO:
Juliano de Sousa Cervelin

FOTO/MONTAGEM DA CAPA:
Vera de Souza / Editora Santuário

CAPA:
Angela Mendes

IDÉIAS & LETRAS

Editora Idéias & Letras
Rua Pe. Claro Monteiro, 342 – Centro
12570-000 Aparecida-SP
Tel. (12) 3104-2000 – Fax (12) 3104-2036
Televendas: 0800 16 00 04
vendas@ideiaseletras.com.br
http//www.ideiaseletras.com.br

Dados Internacionais de Catalogação na Publicação (CIP)
(Câmara Brasileira do Livro, SP, Brasil)

Zuin, Luís Fernando Soares
Produção de alimentos tradicionais: extensão rural / Luís Fernando Soares Zuin, Poliana Bruno Zuin. - Aparecida, SP: Idéias & Letras, 2008.

Bibliografia.
ISBN 978-85-7698-007-0

1. Agricultura tradicional 2. Alimentos 3. Extensão rural 4. Produção – Planejamento I. Zuin, Poliana Bruno. II. Título.

08-02351 CDD-630

Índices para catálogo sistemático:

1. Alimentos tradicionais: Produção: Agricultura 630

Para Paola Gutarra Zuin
e nossas famílias,
com todo o nosso amor.

O escritor escolheu a revelação do mundo e especialmente
a revelação do homem aos outros homens para que estes adquiram,
em face do objeto assim desnudado, toda a sua responsabilidade.
(...) a função do escritor é fazer com que ninguém possa ignorar o mundo
e que ninguém se possa dizer inocente.
Jean-Paul Sartre, Situações II

PREFÁCIO

A IDÉIA DE ESCREVER este livro juntos nasceu da nossa preocupação, como educadores e professores, com os processos de ensino-aprendizagem do homem do campo. Humanistas de formação, juntamos as técnicas das áreas de *Zootecnia, Veterinária, Administração* e *Engenharia de Produção* à *Pedagogia* e *Metodologia de Ensino,* a fim de se resgatar a condição de sujeito do produtor rural nos seus processos produtivos.

Por meio de um modelo de processo e desenvolvimento de produtos, fornecemos subsídios para a capacitação de extensionistas e pequenos produtores rurais para a fabricação de alimentos com um maior valor agregado. A produção de alimentos tradicionais seria uma forma de agregar valor à produção, sem deixar de considerar a cultura desses produtores.

Mas o que são os alimentos tradicionais? São os alimentos chamados também de *produtos com história,* pois estes se constituem e fazem parte da narrativa social de uma determinada cultura. Devido aos conhecimentos e saberes-fazeres presentes nesses alimentos, através de gerações, a sua produção resgata não só a história envolta neles, mas o caráter histórico do próprio sujeito, contribuindo para a sua emancipação.

Dessa forma, este livro está dividido em duas partes. A primeira refere-se à produção de alimentos tradicionais, como seu valor histórico e cultural, sua definição, as normas de certificação para esses alimentos, bem como a sua importância, e, por fim, um modelo para a gestão de processo e desenvolvimento de produtos rurais (PDP-rural) centrado na manufatura de alimentos tradicionais. A segunda parte da obra trata de aspectos teórico-metodológicos para a capacitação de extensionistas e produtores rurais no modelo para a gestão de processo e desenvolvimento de alimentos tradicionais. Para tanto, é exposto um histórico da extensão rural no Brasil; a teoria-metodológica de Paulo Freire, como proposta norteadora para a capacitação; e procedimentos teórico-práticos para orientar as ações dos capacitadores nos conteúdos abordados nesta obra, como definição dos alimentos tradicionais e normas para a certificação.

De nossos diálogos diários, *de uma vida a dois*, é que escrevemos esta obra e pensamos em compartilhar com aqueles que atuam juntamente com os produtores rurais. Assim, convidamos os leitores a percorrerem este livro com o mesmo prazer e carinho que o escrevemos.

Poliana Bruno Zuin
Luís Fernando Soares Zuin

SUMÁRIO

INTRODUÇÃO

A MASSIFICAÇÃO e a uniformização generalizada dos alimentos que o mercado impôs contrapõem-se, atualmente, com a crescente orientação da procura pelos consumidores por produtos diferenciados, personalizados e genuínos.

Diante desse quadro, o consumidor passou agora a buscar e a privilegiar a qualidade presente nos alimentos tradicionais. A busca por essa qualidade é tanto por uma questão de saúde como também pela qualidade simbólica presente nesses alimentos, como tradição, origens e raízes, pois esses alimentos trazem arraigados na sua constituição a história particular de uma comunidade, de um território, de um grupo ou de uma região que o fizeram como únicos.

Os produtos tradicionais também são denominados *produtos com história,* pois se constituem e fazem parte da história social de uma determinada cultura. Vindos de um longo tempo, através de gerações que os foram produzindo e recriando, esses produtos marcam um processo que reúne relações sociais e familiares, num encontro entre o saber e a experiência; portanto, a produção desses alimentos é, ainda, uma arte construída ao longo do tempo através da tradição familiar.

Entretanto, o alimento tradicional pode ser produzido diariamente pelos agricultores, passando em um momento a serem comercializados. Há também o resgate desse tipo de produto como, por exemplo, por meio do desenvolvimento e adoção de políticas públicas voltadas ao turismo rural. Na cidade de Joinville (SC), no bairro rural onde é localizado o "Caminho Bonito", no início da implementação desse projeto, foi necessário o resgate das receitas de alguns tipos de alimentos tradicionais para voltarem a ser produzidos e comercializados.

E por assim ser é que esses *produtos com história*, até há poucos anos, considerados como símbolos do atraso socioeconômico de um indivíduo, de uma região ou de um país, vêm sendo reconhecidos, em primeiro lugar, pela União Européia, como elementos potencialmente capazes de revitalizar a economia dos meios rurais.

A busca dos consumidores pelos produtos com história faz com que esses paguem mais por eles, convertendo a história em um componente comercial do produto, o que legitima o argumento de que a tradição ajuda a vender, não só a vender mais, mas, principalmente, a vender melhor.

Nesse sentido, estar capacitado num modelo para a gestão de processo e desenvolvimento de produtos é de fundamental importância para que o pequeno produtor rural consiga inserir-se no mercado.

O modelo de processo e desenvolvimento de produtos rurais, proposto por Zuin e Alliprandini,[1] é a sistematização de como manufaturar esses alimentos tradicionais. A descrição de atividades concernentes à gestão possibilita ao produtor rural emancipar-se por meio da produção de alimentos que já fazem parte de seu contexto.

A manufaturação de alimentos tradicionais propicia, ainda, o trabalho em família, pois envolve os saberes-fazeres das mulheres, já que são elas as principais produtoras desses alimentos.

Nos últimos anos, surgiu na Europa um movimento intitulado *Slow Food*, visando resgatar algumas tradições, que estão sendo es-

[1] Zuin e Alliprandini (2006).

quecidas, como o prazer de se alimentar, relacionadas ao alimento e seu consumo e à utilização de produtos artesanais de qualidade especial, que são produzidos de forma que respeite tanto o meio ambiente quanto as pessoas responsáveis pela produção, os produtores e sua cultura. Uma das filosofias desse movimento é tornar o consumidor final um "co-produtor" e não simples consumidores; para isso, ele deverá possuir informações sobre como o alimento é produzido, tornando-se parceiro no processo de produção.

Esse movimento *Slow Food*, fundado por Carlo Petrini, no ano de 1986, é uma associação internacional sem fins lucrativos, possuindo mais de 80.000 membros, distribuídos em países como Itália, Alemanha, Suíça, Estados Unidos, França, Japão e Reino Unido.

Diante do exposto, este livro apresenta uma proposta de capacitação de extensionistas e produtores rurais para o processo e desenvolvimento de alimentos tradicionais.

Para tanto, o livro está dividido basicamente em duas partes: conteúdos relacionados à produção de alimentos tradicionais e aspectos teórico-práticos da capacitação de educadores, extensionistas e produtores rurais.

Na primeira parte, o livro divide-se em quatro capítulos. O primeiro capítulo centra-se no homem do campo e nos alimentos tradicionais, abordando a necessidade de se resgatar o homem como sujeito de seus processos produtivos. Trabalhamos também com o valor histórico e cultural contido nesses alimentos, bem como a importância da tradição passada de geração em geração por meio do preparo deles. Ainda nesse capítulo, ressaltamos a importância do turismo rural relacionado à gastronomia local e regional de alimentos tradicionais.

No segundo capítulo, conceituamos esses alimentos, bem como salientamos a importância de produzi-los como alternativa à produção de *commodities*.

No terceiro capítulo, tratamos sobre as normas de certificação para os alimentos tradicionais como indicativo de qualidade para o mercado consumidor.

Por fim, abordamos o modelo de processo e desenvolvimento de produtos rurais (PDP rural), proposto por Zuin e Alliprandini, a fim de que os pequenos produtores rurais possam compreender os aspectos gerenciais que envolvem a produção em sua própria propriedade.

Na segunda parte do livro, apresentamos mais quatro capítulos, sendo o quinto referente ao histórico da extensão rural no Brasil, salientando as práticas pedagógicas de como foi conduzida a capacitação no país. Apresentamos também as mudanças pedagógicas contidas nas políticas públicas para a assistência técnica em extensão rural.

No sexto capítulo, abordamos a teoria de Paulo Freire, concernente à extensão rural, como proposta teórico-metodológica de se conduzir a capacitação dos extensionistas e produtores rurais.

No penúltimo capítulo, condizente a essa segunda parte, apresentamos uma proposta de capacitação para educadores, extensionistas e produtores rurais no modelo de processo e desenvolvimento de alimentos tradicionais. Para tanto, retomamos todos os conteúdos trabalhados no decorrer da obra, conteúdos esses que devem fazer parte da capacitação dos sujeitos envolvidos. Todavia, é necessário ressaltar que a proposta aqui formulada deve ser um apontamento metodológico, não devendo ser prescritivo e normativo.

Para finalizar, apresentamos as considerações finais a que essa obra nos permitiu chegar.

Primeira Parte

PRODUÇÃO DE ALIMENTOS TRADICIONAIS

Capítulo 1

O Resgate Histórico-Cultural da Produção de Alimentos Tradicionais

Nunca nos demos conta do porquê amassávamos o feijão.
Mas meu pai assim o fazia e meu avô também.
Um costume herdado da cultura italiana?
Talvez. Mas o que importa é que meu pai fazia assim e eu também.

João Carlos Zuin, em conversas,
recordando rituais passados de geração em geração,
na hora da alimentação

1.1. Introdução

A VALORIZAÇÃO dos produtos tradicionais vem ganhando destaque devido, sobretudo, à sua dimensão histórica. A produção desses alimentos visa reconhecer e colaborar para o conhecimento da cultura local numa relação entre necessidade, trabalho, valor do ofício, realização e o reconhecimento da arte na família, passada de geração em geração.

Diferentemente dos alimentos industrializados, esses produtos contêm na sua gênese e evolução a história das localidades e das comunidades a que são referenciáveis, além de conterem procedimentos e práticas específicas utilizadas nos seus processos produtivos. A produção de alimentos tradicionais contém ainda a construção de saberes oriundos de uma educação não formal, mas inscrita na memória e no processo identitário.

Dessa forma, resgatar a história e a ação dos sujeitos nos processos produtivos em sua coletividade é a finalidade de se produzir esse tipo de produto.

1.2. A teoria histórico-cultural e os alimentos tradicionais

A teoria *histórico-cultural*[1] parte do pressuposto de que o homem se constrói a partir do ambiente em que vive, e é através da interação

[1] Essa teoria tem como principal autor Vygotsly, Luria e Leontiev.

com os outros homens que ele tem contato com os instrumentos físicos (objetos materiais, como maquinários, ferramentas, qualquer tipo de material usado para o trabalho que foi criado pelo homem) e simbólicos (aqui se destaca a linguagem, que é o sistema de signos criado pelo homem para que eles se comuniquem). Esses instrumentos nortearão o pensamento do homem, neste caso, do agricultor, e a sua vida em sociedade.

Dessa forma, as atividades sociais possuem uma grande importância para a constituição do indivíduo, pois esse processo se dá fundamentalmente nas relações sociais, por meio das relações mediadas. Em seus estudos, Vygotsky[2] afirma que a relação do homem com o mundo não é uma relação direta, mas fundamentalmente uma relação mediada.

O conceito de mediação é próprio do processo do trabalho, e foi por meio dele que se tornou complexa, modificando não só o meio social, mas o próprio homem, pois à medida que a sociedade foi modificando-se, surgiram novas necessidades dos homens e, conseqüentemente, novas mediações. Por mediação entende o autor[3] que é qualquer atividade que permita ao homem apropriar-se de conceitos construídos historicamente. Para tanto, duas atividades mediadoras possuem caráter essencial nas relações sociais: os signos e os instrumentos.

Os instrumentos são atividades mediadoras que permitem ao homem modificar o ambiente em que vive. A mediação por instrumentos é inerente ao trabalho humano; já a mediação por signos (linguagem) são elementos que atuam no sistema psíquico do homem, são eles que permitem ao homem lembrar e perpetuar a cultura socialmente construída.

[2] Vygotsky (1995).

[3] Vygotsky (1993).

Segundo o autor, o processo de mediação por meio de signos (linguagem) é fundamental para o desenvolvimento do pensamento, pois possibilita ao homem (agricultor), além da comunicação, operar mentalmente por conceitos; ela é o instrumento básico da consciência, ela é quem permite ao homem conceituar a realidade e trabalhar com ela apenas no pensamento.

A consideração do desenvolvimento da criança, como produto da relação comunicativa dela com o meio e a aquisição de experiências comuns transmitidas pela linguagem (gestual, fala e escrita), passou a ser os princípios mais importantes da teoria histórico-cultural.

Diante disso, a atividade humana é mediada por uma infinidade de elementos das mais diversas naturezas, sejam eles, traços essenciais do ser humano, enquanto ser em desenvolvimento histórico, relações interpessoais, objetos ou instrumentos, necessidades e finalidades, valores e interesses etc. É por meio desses elementos que os homens vão constituindo-se e construindo a história.

Diante disso, o mesmo se dá com o alimento. Muito mais que uma necessidade física e biológica, a produção do alimento e o ato de se alimentar são históricos e culturais. Desde o seu cultivo até o ritual que se perpassa pelo ato de se alimentar, são aprendizagens histórico-culturais que foram e vão passando-se de geração em geração por relações mediadas.

Na produção e no consumo de alimentos, encontramos também a cultura de um país, de uma região e de uma família, ou seja, a construção de saberes de uma coletividade.

Todavia, atualmente, dado a globalização que busca padronizar as culturas em uma, tornando os costumes em um, devido à lógica da economia industrial, os únicos alimentos que ainda enaltecem o caráter único e peculiar das pequenas regiões e comunidades pertencentes a um país são os alimentos tradicionais.

1.3. O homem e a tradição

O conceito de tradição está intimamente ligado à história de uma cultura, de um país, de uma região e de uma família, interligado por meio de práticas de ensino e aprendizagem passadas e apropriadas de geração em geração.

Esses ensinamentos referem-se a valores, crenças e rituais que são seguidos conservadoramente através das gerações. Sendo essa uma forma de perpetuar conceitos e experiências, a tradição deve ser analisada em seu contexto próprio, como, por exemplo, a tradição cultural de um determinado país ou de uma região, ou mesmo as tradições religiosa, familiar, alimentar, entre outras. Assim, as tradições são elementos constitutivos da cultura e das relações de aprendizado social.

A família é o primeiro sistema social responsável por transmitir, para os seus membros, os seus valores, costumes e história, ou seja, ela é a primeira referência identitária da criança. Para alguns autores,[4] a identidade constitui-se na relação de *alteridade*,[5] isto é, o "eu" só se constitui na sua relação com o "outro", mediada por valores, pela história e pela cultura.

O mesmo ocorre com a alimentação, que também é influenciada pelo contexto social no qual vivemos, sendo que a família possui um papel essencial na determinação de nossas futuras escolhas alimentares. Esse fenômeno ocorre porque na tenra infância aprendemos por imitação, de maneira que gostamos de alimentos que agradam às pessoas de nossa convivência.

[4] Larrosa (1998).

[5] Baktin (1995) e (2003). *Alteridade* significa a relação do eu com o outro, compreendendo que o outro é fundamental para a constituição do eu.

Assim, nossas atitudes em relação à comida são normalmente aprendidas durante a nossa infância,[6] sendo mediatizadas por adultos afetivamente poderosos, o que confere ao nosso comportamento um poder sentimental duradouro. Dessa forma, os hábitos alimentares podem mudar inteiramente quando crescemos, mas a memória e o peso do primeiro aprendizado alimentar, assim como as formas sociais aprendidas por meio dele, permanecem em nossa consciência. São os alimentos consumidos na tenra infância que o ser humano tende a ficar identificado ao longo da sua vida.

No entanto, na atualidade, a história familiar – sua memória, sua organização e seu patrimônio cultural – tem sido esquecida, não só no que se refere à alimentação, mas a outros valores. As novas famílias têm deixado de transmitir para os seus filhos os costumes das relações entre os familiares, os rituais das datas comemorativas, a rotina do dia-a-dia, as receitas da família, isto é, os valores construídos por gerações.

Desde tempos remotos, a comida possui a função de unir as pessoas, pois a cozinha foi desde sempre um espaço de encontro e de partilha, uma vez que a comida está intimamente ligada à história do homem, sendo ela uma das primeiras formas de constituição identitária.

Na cozinha, prevalece a arte de elaborar os alimentos e de lhes dar sabor e sentido. Nela, há a intimidade familiar e a afetividade. Ainda nela despontam as relações de gênero, relações de gerações, de emoções e de atividades, que traduzem uma relação do homem *no mundo* e *com o mundo*.

Contudo, pais e mães já não cozinham, sendo rara a geração de 15 a 30 anos de idade que sabe cozinhar as receitas da mãe ou da

[6] Mintz (2001).

avó, assim como são poucas as famílias que passam uma manhã de domingo preparando um almoço para toda a família.

O fato de as famílias não mais transmitirem suas tradições aos filhos faz com que a memória histórica de um grupo de gerações não seja mantida, uma vez que a tradição também se relaciona a memórias, recordações e costumes.

Avós, mães e filhas

Ainda me lembro, como se fosse hoje, como a minha avó fazia a massa do macarrão; ela passava a manhã toda fazendo. Cortava e esticava a massa em cima da mesa da cozinha, deixando metade dela para fora da mesa secando. Massa essa de cor bem amarela, feita com ovos caipiras. Depois da massa seca, ela enrolava como rocambole e cortava em finas tiras, e nascia um talharim, ainda esperava secar mais um pouco e, logo em seguida, colocava para ferver.

Já a minha mãe fazia o molho de macarrão, que deixava em fogo baixo por várias horas cozinhando, com pedaços generosos de carne, e era feito com tomates maduros. Quando pronto, grudava no macarrão; nunca mais comi um molho como aquele.

Elizabeth Soares Zuin, em conversas com a família

1.4. A história presente nos alimentos tradicionais

Os produtos tradicionais também são denominados *produtos com história,* pois se constituem e fazem parte da história social de uma determinada cultura, sendo, portanto, sempre produtos da *História.*

A Comissão Européia define o conceito de "produtos com história" como os *"produtos agroalimentares que gozam de reconhecimento de especial qualidade"*[7] e que correspondem também pelos designativos local, tradicional, artesanal, regional, entre outros.

A importância desses produtos é, hoje, amplamente reconhecida na Europa como dimensão fundamental para a elaboração de estratégias, visando recuperar e valorizar esse tipo de alimentos. No Brasil, observa-se que a retomada da produção desses alimentos começa a ser valorizada, mas ainda a passos curtos.

Os produtos tradicionais são aqueles que nos chegam vindos de um longo tempo, por meio de gerações que os foram produzindo, recriando, atualizando e, assim, tecendo-lhes a história. Construídos dessa maneira, a história desses produtos é também a história de coletivos sociais particulares, de suas formas de organização social, de seus recursos, de sua existência.

Dessa forma, grande parte dessa história coletiva vem inscrita nas especificidades de cada um desses produtos, ou seja, nos processos de sua produção, distribuição e consumo. Portanto, são nos saberes-fazeres que estão contidos os ritos e rituais que lhes andam associados, os sentimentos e as emoções que neles estão depositados.

Mais que *objeto,* fruto do trabalho humano, nele está contido a história de um *sujeito* que o produziu, a história de várias gerações, a história de um determinado local e a história de uma cultura.

[7] Nota de Redacción, Agricultura y Sociedad, 1996.

Ciao! Tutto bene? (I)

Em suas viagens pela Itália, Jamie Oliver, um *chef* de cozinha muito famoso na Inglaterra, conta o quanto é fascinante a regionalidade dos italianos em relação à comida e ao seu preparo, pois são capazes de passar horas discutindo sobre de onde vem o melhor cozido, o melhor óleo de oliva, como o jeito de cozinhar em sua região é o melhor e o quanto são orgulhosos de sua produção local.

Jamie também relata que, apesar de os italianos possuírem os melhores designers de carros e de moda, eles procuram agarrar-se à tradição e ao espírito das vilas, como, por exemplo, gente trocando queijo por vegetais em conserva. Diz, ainda, o quanto é incrível que existam festivais para celebrar a culinária a cada semana, mês e ano, em todos os lugares, dos menores vilarejos às grandes cidades.

A Itália de Jamie, p. VIII, 2005

Sendo a *história* muito importante, faz-se premente preservar o passado e as tradições da passagem dos tempos, a fim de defendermos a identidade cultural do indivíduo, da família, da comunidade e de um país.

1.5. A arte e o trabalho na produção de alimentos tradicionais

A produção de alimentos tradicionais é mais que uma forma de gerar renda, é um processo que reúne relações sociais e familiares, num encontro entre o saber e a experiência, por isso é considerada uma *arte* construída ao longo do tempo.

A qualidade dos produtos tradicionais é o que os diferencia dos produtos industrializados (tipo *commodities*),[8] uma qualidade que parte da organização, da estrutura e do cuidado no feitio. Nesse sentido, o resgate dos produtos tradicionais busca valorizar as produções *artesanais* (arte + trabalho), salientando a construção cultural e identitária de determinada região.

Basicamente temos dois tipos de agricultores no que se refere à produção de alimentos tradicionais. Aqueles que sabem do valor da sua arte e a cultivam; e aqueles que não sabem o valor de sua arte e, por isso, são explorados no processo de sua produção e comercialização.

Diferentemente do que ocorre na Europa, no Brasil os produtores de alimentos tradicionais quase sempre são desvalorizados na hora de vender os seus produtos, pois na maioria das vezes esse tipo de agricultor não é consciente do real valor de seus produtos, que resultam de uma somatória de saberes e trabalho. Todavia, o consumidor final reconhece esse valor. Logo, quem realmente ganha nesse processo de comercialização é o intermediário e varejista.

Diante desse fato, alguns agricultores já perceberam a desvalorização de sua arte, sentindo a distância existente entre quem vende e quem compra, na hora de comercializar os seus produtos. É nesse momento que os produtores sentem o quanto são oprimidos economicamente e o quanto são discriminados socialmente, devido ao ofício que exercem, o *artesanato*.

Por outro lado, quando há o reconhecimento dessa arte, o saber-fazer é o que liberta esses pequenos produtores de suas angústias, fazendo-os superar essa opressão que aprisiona a consciência da im-

[8] Atualmente o termo *commodities* é empregado pelos pesquisadores das ciências sociais aplicadas como produtos padronizados e sem identidade cultural.

portância do seu conhecimento. O reconhecimento do trabalho desses produtores, assim como de outros trabalhadores locais, permite que se desenvolva a auto-estima nesses sujeitos, que acabam por se reconhecer no grupo a partir da cumplicidade e dos conhecimentos compartilhados.

Diante do exposto, produzindo alimentos tradicionais, o produtor rural resgata e constrói a sua identidade e memória, pois a sua arte é a expressão de sua cultura em torno das relações sociais e educativas que vivencia. O reconhecimento dessa arte, pelo mercado consumidor, faz com que esses agricultores sintam-se mais valorizados pelo trabalho realizado, daí a importância de se produzir esse tipo de alimento.

1.6. Um resgate da história do sujeito por meio da produção de alimentos tradicionais

A produção de alimentos tradicionais é uma atividade que relaciona, além da tradição, a criação, a aprendizagem e a memória numa junção entre o passado e o presente, por isso se faz mediante a construção e reconstrução de seus conhecimentos.

No resgate da história presente na produção de alimentos tradicionais, as mulheres possuem um papel fundamental, uma vez que elas são as principais produtoras e gestoras desses produtos. Pois, na maioria das vezes, fica a cargo das mulheres, das mães e avós, a obrigação de ensinar às filhas, e a estas a obrigação de aprender as artes, as técnicas e os segredos da preparação e elaboração desses alimentos, assim como os métodos da sua conservação e consumo, e de socializá-las nos usos, costumes e demais práticas sociais a que esses produtos estão ligados.

A transmissão em cadeia de mães a filhas contribui para manter os saberes-fazeres relativos aos produtos, vinculados a contextos específicos da sociedade local. São, portanto, elas uma importante fonte de informação e reconstituição dessa história, contribuindo em muito para que seja possível o resgate desses alimentos.

Ciao! Tutto bene? (II)

Quando estive em Bari, também na Puglia, na Itália, encontrei uma garota que fazia *orecchiette, cappelletti* e *fusilli* mais depressa e melhor do que qualquer *chef* que encontrei na vida! Fiquei encantado com essa menina de apenas sete anos, não apenas porque era bonita e adorável, mas porque era uma genial masseira, que me ensinou a fazer massas como eu nunca havia feito antes com as mãos. Ela se postou de um lado e, do outro, ficou sua avó de 88 anos, uma senhora que fez massa todos os dias, desde que tinha quatro anos.

A Itália de Jamie, p. XI, 2005

1.7. A transformação da realidade econômico-social dos pequenos produtores rurais por meio da produção de alimentos tradicionais

Por meio da produção de alimentos tradicionais, o produtor rural de pequeno porte pode afastar-se da marginalização social, pois a identidade cultural, presente nos produtos locais e regionais, pode emancipá-los economicamente e orientá-los.

Pode-se dizer que a sociedade brasileira ainda está reconhecendo o valor desses produtos, como podemos verificar na divulgação comercial de produtos alimentícios regionais, como os vinhos da região de Bento Gonçalves (RS). Numa garrafa de vinho dessa região, podemos encontrar a cultura gaúcha representada por sabores e aromas e pela união dos vários conhecimentos da vivência de quem os produziu, como memória coletiva dos produtores, das gerações e da região.

O processo de produção de alimentos tradicionais contém ainda competências de particulares e de um grupo, num movimento de cooperação entre os que o fazem. Nesse sentido, a produção desses alimentos busca gerar rendimentos às famílias locais, em particular das mais pobres, objetivando induzir melhorias e avanços qualitativos das condições materiais de existência desses pequenos produtores rurais.

Enfatizamos assim a arte do alimento tradicional e suas perspectivas comerciais/sociais, como forma de impulsionar o comércio local, já que grande parte dos pequenos produtores rurais vive com grandes dificuldades. Estudos realizados nas regiões montanhosas do estado de Santa Catarina indicam que uma família composta por três pessoas, que produzem leite em 20 hectares de terra, possui uma renda total de 500 reais por mês.

Diante disso, é freqüente a migração dos filhos desses produtores para os centros urbanos, na busca de melhores condições financeiras, negando a sua cultura. Nas cidades, esses jovens acabam por desenvolver trabalhos sub-humanos, ganhando um pouco mais, mas sobrevivendo em situações precárias. Nesse sentido, a proposta de produção de alimentos tradicionais, aliada ao conhecimento de gestão, visa melhorar as condições de vida desses jovens e pequenos produtores dentro de suas próprias propriedades, sem que eles tenham de negar a sua cultura do meio rural.

1.8. Alimentando turistas com cultura

A culinária deveria ser considerada a mais antiga das artes, e talvez a mais completa, pois sempre teve importância na vida do homem, acompanhando-o ao longo da sua história – desde os rituais dos povos primitivos, passando por acontecimentos sociais e religiosos e influenciando até as festas dos dias de hoje. Atualmente, ela é considerada a nona arte e com um papel fundamental no que se refere ao turismo cultural. De acordo com alguns autores,[9] a gastronomia se equivale às outras artes, como se pode observar:

> A questão gastronômica é estética e filosófica. A cozinha relaciona-se com as belas artes e com as práticas culturais das civilizações de todas as épocas, representa tanto quanto as pinturas, sonatas, esculturas, peças de teatro ou arquitetura (Onfray, 1999, p. 124).

A gastronomia trata-se de uma manifestação cultural das mais importantes, nela a cozinha é um símbolo cultural, de memória e também de identidade, pois por meio do alimento herdamos também os costumes, as tradições e a cultura.

O patrimônio cultural de um país, de uma região ou localidade, não é formado apenas por manifestações materiais como monumentos, documentos, lugares históricos e obras de arte. Ele é constituído também por manifestações *simbólicas* ou *sígnicas*, que são a arte popular, o artesanato, a culinária, os costumes e as tradições próprias de um grupo ou cultura.

Nesse sentido, o alimento constitui um objeto da história, pois ele não é apenas alimento, mas constitui-se em um ato social, relacionado aos usos, costumes, condutas e situações de uma

[9] Onfray (1999).

determinada cultura. Isto posto, a historicidade da gastronomia é explicada pelas manifestações culturais e sociais que marcam uma época.

No Brasil, são poucas as regiões que ainda conservam as tradições e cultivam a produção de alimentos tradicionais. Geralmente, são regiões menos valorizadas economicamente, esquecidas tanto pelo poder público como privado. Um exemplo dessas regiões pode ser encontrado em algumas localidades de Minas Gerais, onde um grande número de famílias mineiras ainda preservam os tradicionais costumes culinários, passando de uma geração à outra as suas receitas, que contêm os segredos e ingredientes da *"comida mineira"*.

A simplicidade dos pratos e o feitio familiar aliado aos temperos ressaltam a qualidade desse tipo de comida, valorizando as suas características e despertando o interesse de turistas. Em tempos em que a comida rápida invadiu os restaurantes e entrou nas nossas casas, a valorização e o resgate desse tipo de comida, com seus sabores deliciosos, são essenciais.

Assim a gastronomia é também um fato muito importante na escolha de um destino turístico, sendo, por vezes, a principal motivação do turista. Ainda que seja uma simples necessidade, a gastronomia pode possuir uma elevada parcela no consumo dos turistas, pois estes não estão preocupados com preços, e sim com a qualidade e os sabores típicos do lugar.

Estando a alimentação fortemente ligada à história e às tradições culturais de toda uma comunidade, o consumidor ou turista acaba por consumir a cultura do local, uma vez que a gastronomia de um lugar traduz toda uma herança cultural, como, por exemplo, clima, situação geográfica, especificidades dos solos, a história, a situação político-social da região e do mundo, entre outros. Foram esses recursos disponíveis que possibilitaram à culinária tradicional a sua confecção e os métodos de conservação.

A gastronomia tradicional implica ainda no consumo de matérias-primas locais e clássicas, sendo as receitas confeccionadas com produtos agrícolas habituais. Esse fato contribui para o desenvolvimento da economia agrícola, pois a produção agroindustrial local induz à criação de postos de trabalho, permitindo a fixação da população ao mundo rural. No Brasil, o turismo rural cresce a cada dia, sendo inúmeras as regiões que oferecem esse tipo de serviço, vendendo aos turistas a cultura tradicional do local nas suas diversas modalidades, como gastronomia, dança, vestes, rituais etc.

A título de exemplificação, temos a *Fazenda Monte Negro*, localizada no município de São José dos Ausentes, no Rio Grande do Sul, onde oferece o melhor da gastronomia gaúcha, mantendo a tradição local, bem como a tradicional culinária dos imigrantes passada de geração a geração, como *a sopa de agnoline* de origem italiana.

Dessa forma, o turismo cultural destaca a cozinha de um lugar e faz dela um atrativo, um lazer, uma oportunidade de saborear pratos próprios do lugar. O resgate ou a redescoberta das tradições gastronômicas da nossa terra, da nossa região, da nossa família, é com certeza o espaço do encontro e da partilha dos saberes entre gerações; conservá-la é uma forma de valorizar a cultura, o produtor, a agricultura e o turismo.

Vale do Vinho abre as portas ao turismo

"Pólo do São Francisco deve atrair cerca de quatro mil visitantes por mês."

O Vale do São Francisco, em Pernambuco e Bahia, já conta com o Roteiro do Vinho. O turista pode conhecer o Nordeste que produz vinho da melhor qualidade. A região é o segundo pólo vinicultor do Brasil, com produção anual de oito milhões de litros de vinho, o que corresponde a 15% do total nacional. Desse percentual, 30% são vinhos finos, premiados dentro e fora do país.

Globo Rural, dezembro de 2006

1.9. Conclusão

Diante do exposto, a reconstrução histórica vem fazendo-se necessária, quanto mais se afirma a globalização. Decorrente de uma multiplicidade de fatores, os consumidores atribuem uma maior importância à história dos produtos que consomem. Nesse contexto, se a história ajuda a vender, ela ajuda acima de tudo a certificar, validando a ligação e a relação dos vínculos de um produto a um espaço preciso de produção ou de transformação, aos saberes, às técnicas e às matérias-primas específicas. Esse fato tem alargado expectativas, necessidades e exigências que se projetam também na produção de bens alimentares, como os alimentos tradicionais. A produção desses alimentos tradicionais resgata não só a cultura local e familiar, mas resgata o *homem*[10] como sujeito dos processos produtivos, uma vez que é o *homem* o principal criador e "transmissor" dos conhecimentos, procedimentos e modos de fazer que são inerentes a esses produtos.

Nesse sentido, é no homem que estão presentes as lembranças e as memórias ligadas às práticas da sua produção e consumo, às outras dimensões fundamentais, daquela história vivenciada e experienciada, refletidas nos alimentos que são manufaturados por eles. Assim, a produção de alimentos tradicionais, ensinada e transmitida por meio de receitas, é uma riqueza transmitida de geração a geração e que mantém a tradição de cada localidade, por isso não podemos deixá-la morrer.

Referências bibliográficas

BAKHTIN, M. *Marxismo e Filosofia da Linguagem*. São Paulo: HUCITEC, 1995.

BAKHTIN, M. *Estética da Criação Verbal*. São Paulo: Martins Fontes, 2003.

FREIRE, P. *Pedagogia da Autonomia* – Saberes Necessários à Prática Educativa. 19ª ed. São Paulo: Paz e Terra, 2001.

FREYRE, G. *Açúcar*. São Paulo: Cia. das Letras, 2002, p. 34.

LARROSA, J.; LARA, N. P. *Imagens do Outro*. Rio de Janeiro: Vozes, 1998.

LIMA, C. *Tachos e panelas*: Historiografia da alimentação. Recife: Comunicarte, 1999, p. 146.

ONFRAY, M. *A razão gulosa. Filosofia do gosto*. Rio de Janeiro: Rocco, 1999, p. 124.

[10] A palavra homem refere-se ao homem no sentido genérico da humanidade. Mas aqui nos remetemos a homens e mulheres.

Ribeiro, M.; Martins, C. "De mães para filhas – por aqui se faz a construção e a reconstrução da história (de uma boa parte) dos 'produtos com história'", in *Sociedade e Cultura 1*. Cadernos do Noroeste, Série Sociologia, v. 13, 2000, p. 269-279.

Santos, C. R. A. "A alimentação e seu lugar na história: Os tempos da memória gustativa", in *História: Questões & Debates*, Curitiba: Editora UFPR, n. 42, 2005, p. 11-31.

Vygotsky, L. S. *Obras Escogidas*. Madrid: Visor, Tomo II, 1993.

Vygotsky, L. S. *Obras Escogidas*. Madrid: Visor, Tomo III, 1995.

Capítulo 2

Os Alimentos Tradicionais

Em um jantar, em um sítio, no extremo oeste do estado
de Santa Catarina, numa típica casa de colono italiano, serviram-me
uma comida que aqui em São Paulo já não a fazem mais.
Nesse momento eu vivenciei a mesma experiência que a minha bisavó,
pois ela cozinhava aquele mesmo prato para a minha mãe,
quando ela era criança. Naquele momento, a mais de 1.500 km
da minha casa, eu encontrei a minha bisavó.

Luís Fernando Soares Zuin,
em conversas com sua esposa

2.1. Introdução

Hoje em dia é notório o crescente interesse dos consumidores pelos alimentos tradicionais. Esse interesse deve-se a alguns fatores ligados à atual crise do modelo de desenvolvimento agrícola, como a incapacidade de produção em escala das pequenas propriedades rurais, cuja competição se dá pelo custo de produção em relação às empresas de grande porte; a integração dos alimentos tradicionais nas políticas de desenvolvimento rural; e, por fim, a crescente desconfiança do consumidor em relação aos produtos industrializados.

É uma tarefa avaliar a importância socioeconômica dos alimentos tradicionais para a contribuição da sobrevivência das propriedades rurais. Por um lado, esse tipo de alimento é de definição complexa. Algumas questões podem ser formuladas nesse sentido, como, por exemplo, é possível distinguir nacionalmente, regionalmente e localmente um alimento tradicional manufaturado na propriedade rural dos não tradicionais (originários da agroindústria)? Por outro lado, em conseqüência da dificuldade em identificar esse tipo de produto, poucos indicadores quantitativos estão disponíveis para os pesquisadores e consumidores, talvez por se tratar de um alimento de interesse recente por parte do mercado.

De uma maneira intuitiva, o consumidor entende o que seria um alimento tradicional. Entretanto, quando é realizada uma reflexão mais profunda, pode-se concluir que esse conceito não é fácil de definir de forma clara. Um alimento tradicional estaria ligado à sua origem geográfica? Ou à sua tradição e permanência? Seria ao processo de manufatura? Talvez ao tipo de matéria-prima utilizada? Ou a tudo isso? Para alguns autores,[1] falar em alimentos tradicionais não é pensar em produtos genéricos, massificados, produzidos de forma intensiva ou industrial e sem

[1] Tibério (1998).

qualquer tipo de diferenciação. Na literatura especializada, esses produtos são chamados de vários nomes, como tradicionais, específicos, artesanais, caseiros, de qualidade, produtos da terra, entre outras denominações.

Os alimentos tradicionais também estão ligados ao saber-fazer do agricultor. A forma com a qual ele processa (saber-fazer) o alimento, em conjunto com a qualidade ímpar das suas matérias-primas, acabou influenciando na imensa diversidade de produtos oriundos de cada região e população do meio rural. Assim, o alimento produzido e consumido em cada região passou a ser mais uma diferenciação entre as diversas culturas, que tornaram os costumes gastronômicos e os alimentos sinais de identidade de cada população.

Dessa forma, esses alimentos podem ser definidos como "um produto único pelo emprego de matérias-primas e pelos conhecimentos aplicados, assim como os usos de produção, de consumo e de distribuição, e que atualmente recebem, entre outras, as denominações de local, artesanal ou regional".[2]

Os alimentos são tradicionais porque persistem no tempo, sendo sempre produzidos em determinado lugar e de determinada maneira, conservando características que os definem quanto a aspecto, textura e sabor, que estão ligados à cultura gastronômica de uma população.[3]

De forma geral, para que o alimento seja considerado tradicional, ele deve possuir algumas características como:[4]

- produção com matéria-prima local;
- valorizar sempre a matéria-prima local;
- manufatura em pequena escala, artesanal, resultado de um clássico saber-fazer regional; e

[2] Ribeiro e Martins (1995).

[3] Bernat (1996).

[4] Bryden (1998).

- produtos fortemente ligados a uma conotação territorial de tradições locais.

2.2. A crise do modelo de produção de *commodities*

O atual modelo agrícola mundial encontra-se baseado na produção de produtos do tipo *commodities*, nos quais se propagam o aumento de produtividade e a área plantada. Esse cenário, aliado a outros fatores, contribuiu para o surgimento de vários problemas, como a degradação do meio ambiente e a exclusão de parte dos pequenos e médios produtores de suas propriedades rurais. Os pequenos e médios produtores rurais que cultivam *commodities* perdem a cada dia a competitividade no mercado. Os grandes produtores de *commodities* agrícolas, que possuem um maior suporte econômico, geralmente, adquirem modernos insumos e maquinários agrícolas; no entanto, os seus custos de produção são bem menores por causa da enorme área plantada.

De forma resumida, o atual modelo de produção de *commodities* trouxe as seguintes conseqüências:

- despovoamento da área rural e o envelhecimento de sua população, extinguindo as relações sociais e econômicas;
- alterações dos ecossistemas, com a contaminação dos solos, rios e outros recursos naturais;
- desaparecimento de variedades de vegetais e animais, diminuindo a biodiversidade; e
- diminuição das peculiaridades culturais em resultado do desaparecimento de uma grande variedade de alimentos tradicionais, da perda do saber-fazer pelo produtor rural e da padronização dos alimentos.

O sistema de produção de *commodity* agrícola historicamente foi concebido para dar resposta a uma situação anterior de abastecimento de alimentos que era insuficiente para garantir as necessidades nutricionais da população. Logo, não era de se estranhar que no discurso tecnicista predominassem idéias como o aumento das áreas plantadas e sua produtividade, por meio da intensificação e especialização dos sistemas de produção.

Atualmente essa abordagem de negócios apresenta-se ultrapassada, principalmente nos países europeus, onde o problema quantitativo da segurança alimentar foi resolvido há várias décadas. Portanto, a situação de abastecimento dos mercados europeus transformou-se totalmente, uma vez que a maioria dos seus produtos apresenta excedentes de produção em relação à demanda do mercado consumidor.

Os excedentes produtivos agrícolas dos países europeus, aliado à queda dos rendimentos dos produtos agrícolas do tipo *commodities*, contribuem para o declínio populacional de áreas rurais mais desfavorecidas pelo poder público, pois para o produtor rural envolto por essas variáveis fica difícil continuar nessa atividade agrícola (produção de *commodities*). Uma solução para o aumento da renda dos agricultores (independentemente do seu porte) seria a manufatura de alimentos tradicionais que possuem um viés qualitativo.

2.3. A dificuldade de algumas regiões agrícolas em aderir ao modelo de produção de *commodities*

No início de 1990, com o advento do plano Collor, ocorreu uma mudança comportamental do consumidor brasileiro de alimentos devido, sobretudo, à abertura do mercado nacional aos produtos estrangeiros. Esses consumidores depararam-se com uma variedade de produtos alimentícios nunca vista, ofertada pelo varejo.

Depois de alguns anos, a demanda do mercado consumidor passou a ser menor do que a quantidade dos produtos manufaturados pelas empresas alimentícias, resultado do surgimento da economia global. Essas empresas, tentando sobreviver a essa nova realidade, adotaram a estratégia de conquistar novos mercados. Para isso, elas tiveram de se profissionalizar, e começaram a se preocupar em desenvolver e adotar métodos de gerenciamento para os seus negócios.

Após a adesão à economia globalizada, o agronegócio brasileiro adentrou em um universo de forte concorrência, onde ser competitivo é obter economias de escala e ganhos de produtividade. Estes objetivos produtivos só se conseguem à custa de produção em massa, emprego de grandes áreas para o plantio, produtos padronizados e ao custo mínimo, sendo essas as caracterizações que definem a produção de produtos do tipo *commodities*.

As regiões do agronegócio brasileiro possuem características bem diferentes no que se refere a seus processos produtivos; essas regiões são determinadas pela enorme variedade de tipos de terrenos, climas, culturas, entre outras variáveis. Logo, não é de se estranhar que elas não apresentem os mesmos potenciais produtivos que permitam aos produtos rurais competirem apenas via produção de produtos *commodities*. Quando é escolhida apenas uma variável que atua nas propriedades rurais como, por exemplo, relevo acidentado do terreno, verifica-se nas regiões Sul e Sudeste que muitas propriedades rurais não podem produzir, de forma rentável, *commodities* agrícolas. Algumas regiões que se encontram nessas condições são quase todo o estado de Santa Catarina; Norte do Rio Grande do Sul; Sul do Paraná, de Minas Gerais e do Estado de São Paulo; entre outras regiões.

Um dos grandes entraves para a produção rural brasileira é pensar que o seu produto não é direcionado para o consumidor final. Parece um grande desvio de pensamento, mas muitos dos produtores rurais, independentemente do seu porte produtivo, pensam que estão "fazendo" os alimentos para as empresas de insumos, um total contra-senso para a lógica descrita nas teorias sobre cadeia produtiva. Isso se deve à pressão que muitas dessas empresas realizam no produtor rural, para que esse consuma cada vez mais seus produtos e lançamentos. Um exemplo clássico desse cenário é quando o produtor rural adota uma semente transgênica de uma determinada cultura, sem saber se o seu mercado consumidor quer ou não esse tipo de produto. Essa distância com o mercado consumidor, para muitos negócios, mostra-se uma estratégia extremamente arriscada do produtor rural, tanto para a sua sobrevivência, como para a do seu empreendimento. O monitoramento das informações que perpassam toda a cadeia produtiva é uma atividade de fundamental importância para o produtor rural em qualquer processo produtivo.

Uma conseqüência da falta de competitividade das pequenas e médias propriedades rurais que produzem *commodities* tem sido o abandono da agricultura e o despovoamento das áreas rurais, principalmente daquelas onde as possibilidades de busca de atividades alternativas ou complementares são limitadas. Estudos indicam que 2% da população jovem (20 a 30 anos) das cidades que compõem o extremo oeste do estado de Santa Catarina deixam esses centros rumo ao litoral ou a outros estados, em busca de melhores oportunidades de trabalho.

2.4. A redescoberta dos produtos tradicionais pelo mercado consumidor

Os alimentos tradicionais sempre estiveram disponíveis para o mercado consumidor, entretanto, não eram percebidos. Os produtores rurais, quando os produziam, eram essencialmente para o próprio consumo e/ou para os consumidores locais, fazendo parte de seus hábitos alimentares. Mesmo que fossem considerados tradicionais, no sentido de que eram manufaturados em um determinado lugar, com técnicas e saberes transmitidos de geração em geração, não eram esses atributos, na maioria dos casos, percebidos e valorizados pelo mercado consumidor.

Esses produtos que antigamente eram tachados como símbolo do atraso de uma região e população, e que se mantiveram intactos em grande parte devido a esse atraso, agora são considerados interessantes graças ao seu potencial econômico, destacando-se como alternativa de renda para várias regiões do Brasil.

Recentemente, esse tipo de alimento foi descoberto pelos consumidores, aumentando as suas vendas. Nesse sentido, os produtores rurais e distribuidores estão aumentando a sua produção, diversificando os tipos de produtos e a sua apresentação (embalagem). A redescoberta dos produtos tradicionais deve-se em muito à busca do consumidor por um alimento mais saudável, natural, saboroso e de origem conhecida. Alguns estudos indicam que o consumidor se dispõe a pagar mais caro, caso seja necessário, por esse tipo de produto em relação a um similar industrializado.[5] Outro atributo que o consumidor busca durante o consumo desses alimentos é o resgate de suas lembranças afetivas, pois também por meio dos alimentos os homens lembram situações, pessoas e eventos, buscando às vezes uma identidade perdida.

Por último, quanto mais globalizado as pessoas ficam, mais regionais elas se tornam; por isso pode-se dizer que a busca por meio do consumo do alimento tradicional passa por uma afirmação da identidade do indivíduo. No Brasil nunca os movimentos tradicionalistas foram tão presentes, por meio de suas festas, culinária e li-

[5] Mariot (2002).

teratura típicas, como se pode identificar na região Sul, através do Movimento Tradicional Gaúcho; no Norte, pelas festas do Boi de Parintins (MA); e Nordeste, com o Movimento Armorial (PE).

Nestes tempos de globalização, em que ocorre uma oferta maciça e padronizada de alimentos industrializados, para as classes sociais mais abastadas, esse tipo de produto não é valorizado. Em busca de uma qualidade superior e exclusividade, essa classe social está, cada vez mais, consumindo os alimentos tradicionais.

ARTE NA COZINHA

"A paixão de um veterinário pela culinária e pelo legado de seus ancestrais italianos resgata a história colonial da serra gaúcha."

Veterinário e representante de uma importante empresa de nutrição animal, L. H. F. é um apaixonado pela cozinha. Seus pratos são quase sempre feitos com ingredientes da própria região, como, por exemplo, o "frango da colônia", preparado com molho de fungos nativos, isto é, cogumelos tirados de eucaliptos e pinus das redondezas. O frango abatido com 90 dias, com cerca de 3,5 kg, é alimentado principalmente com milho, mais parecia um peru.

Globo Rural, dezembro de 2006

2.5. O movimento *Slow Food*

O movimento *slow food*[6] (comer devagar) foi fundado em 1986, na Itália, e em pouco tempo se tornou uma organização internacional e sem fins lucrativos. A sede internacional do movimento é em Bra, Itália. O *Slow Food* atua tanto localmente como internacionalmente, como a FAO (Organização das Nações Unidas para a Agricultura e a Alimentação).

A filosofia do movimento é baseada em melhorar a qualidade da alimentação, por meio do emprego de matérias-primas locais, respeitando a sua biodiversidade, no preparo de alimentos tradicionais, bem como cultivar os rituais (como, por exemplo, reuniões familiares), que envolvem o consumo consciente desse tipo de alimentação. Nesse movimento, os consumidores finais são chamados de co-produtores, aproximando os consumidores dos produtores rurais.

De maneira geral, as atividades da associação estão ligadas à defesa de alguns objetivos, como a de promover a biodiversidade na cadeia produtiva alimentar, difundir a educação do *sabor* e aproximar os produtores dos consumidores finais de alimentos tradicionais, por meio de eventos e iniciativas.

No mundo contemporâneo, onde os prazeres ligados ao *sabor,* dos alimentos estão cada vez mais padronizados e restritos aos alimentos industrializados, o movimento *slow food* reforça o esforço consciente de que as pessoas devem constantemente explorar, questionar e experimentar a maior gama de alimentos possíveis. Para essa atividade se dá o nome de educação voltada ao *sabor.* O movimento atesta que atualmente o *sabor* tem de ser aprendido e

[6] Weiner (2005).

ensinado, em qualquer idade. Uma das atividades dos membros pertencentes a esse movimento diz respeito à educação das crianças por meio do cultivo de hortaliças que possibilita a experimentação de vários tipos de sabores.

O *slow food* ainda possui um centro de ensino superior chamado Universidade de Ciências Gastronômicas (*Pollenzo*, Itália), onde estudantes, chamados de gastrônomos, são educados nos Laboratórios do Sabor. Essa universidade é uma instituição acadêmica dedicada exclusivamente ao estudo e às pesquisas gastronômicas, e no seu interior não são ministradas aulas de culinária. Os alunos aprendem sobre a gastronomia por meio de um currículo interdisciplinar constituído por história, literatura, ciência e economia. É incluída a atividade de campo, na qual os alunos podem presenciar o cultivo e a produção dos alimentos tradicionais. Em 2004, ela recebeu os seus primeiros alunos (70) provenientes de treze países. Essa instituição de ensino superior encontra-se devidamente homologada, oferecendo um bacharelado de três anos, uma pós-graduação de dois anos e um mestrado de um ano. O seu corpo docente é formado por professores e especialistas em gastronomia de todo o mundo.

Um dos programas dessa instituição é chamado de "A Arca do Sabor", possui como meta redescobrir e catalogar sabores esquecidos, documentando os produtos gastronômicos, dos tipos de alimentos tradicionais, que estão em risco de desaparecer. Desde o início desse programa (1996), mais de 750 alimentos tradicionais de dezenas de países foram integrados pela *Arca,* como, por exemplo, o milho argentino *Capia*, mel de tomilho siciliano dos *Monti Iblei* ou pão finlandês *Kalakukko*, entre outros.

2.6. Programa de incentivo à produção de alimento tradicional da União Européia (TRUEFOOD)

Recentemente, foi identificado pelo programa da União Européia, intitulado de TRUEFOOD (Alimento Tradicional da União Européia), que um dos principais desafios da produção de alimentos tradicionais no ambiente europeu é a melhoria da competitividade do produtor rural por meio da introdução de novos métodos produtivos, que estejam de acordo com as normas inseridas nas "políticas públicas de higiene" e que envolvem a segurança do alimento desse tipo de produto.

Ao mesmo tempo, esse novo método de manufatura não pode entrar em conflito com os métodos artesanais de uma propriedade rural, ou seja, os modernos processos produtivos não devem contrapor-se com a tradição da manufatura desse tipo de alimento.

As expectativas do consumidor para com os produtos rurais é que eles sejam seguros para o consumo, mas que também sejam pouco processados, livres de conservantes e elevados valores nutritivos e sensoriais. Geralmente, esse tipo de produto, por exemplo, não deve conter agentes estabilizantes e essências industrializadas.

Estudos recentes realizados nas propriedades rurais portuguesas indicam que elas estão disponibilizando pouco esforço para introduzir novos métodos produtivos (impostos pela legislação sanitária vigente) durante a produção da matéria-prima e processamento, devido à perda da melhoria nutricional e da qualidade sensorial de seus produtos advindos de seu próprio método.

O TRUEFOOD possui como objetivos a melhoria da qualidade e da segurança e a introdução de novos métodos produtivos nos sistemas europeus de produção de alimentos tradicionais, por meio de atividades que envolvem investigação, demonstração, disseminação e formação. Esse tipo de alimento pode ser protegido contra falsificações por meio de patenteados.

Esse projeto é centrado no valor agregado que ele poderá alcançar quando fornecido para os consumidores e agentes da cadeia produtiva, como restaurantes. Os principais objetivos estratégicos do programa TRUEFOOD são:

- identificar e quantificar as percepções do consumidor quanto às expectativas e atitudes no que se refere às características dos métodos de produção que possam ser introduzidos na manufatura dos produtos que envolvem a sua segurança e qualidade;
- identificar, avaliar e transferir para as propriedades rurais métodos produtivos que permitam garantir a segurança dos alimentos, especialmente no que se refere aos perigos microbiológicos e químicos;
- verificar, analisar e transferir para a produção rural métodos de produção que permitam melhorar a qualidade nutricional dos alimentos tradicionais, mas que mantenham ou melhorem outras características da qualidade reconhecidas pelos consumidores desse tipo de alimento, como, por exemplo, qualidades sensoriais, ambientais e éticas;
- fornecer suporte privado e estatal ao desenvolvimento do marketing e da cadeia de distribuição dos alimentos tradicionais; e
- estabelecer um sistema eficaz e sustentável de transferência de métodos produtivos e gerenciais, desenvolvidos dentro do escopo do TRUEFOOD.

Quando os alimentos tradicionais são confrontados com os produtos industrializados, é necessário transformar essa vantagem comparativa em competitiva, pois os alimentos tradicionais apresentam um apelo forte comercial, relacionado com as condições naturais de uma região, com a sua tradição e o saber-fazer.

Muitas são as vantagens de se produzir o alimento tradicional nas propriedades rurais. Quando são identificados, protegidos e valorizados, esses alimentos representam um trunfo importante para o ambiente rural, por vários motivos como:[7]

- impede o êxodo rural de algumas regiões menos favorecidas, pois gera uma maior quantidade de empregos para todos os setores, inclusive serviços;
- respeita a origem e variedades culturais das pessoas da região; e
- do ponto de vista técnico, a produção desse tipo de alimento melhora a fertilidade dos solos e ajuda a preservar o meio ambiente, respeitando os ecossistemas e a biodiversidade presentes na propriedade rural.

Esse conjunto de vantagens pode ser transportado ao ambiente rural por meio de uma adequada política pública de valorização dos Produtos Alimentares Tradicionais e assim ajudar o desenvolvimento de localidades menos favorecidas. Entretanto, esse desenvolvimento deve estar sempre baseado na sustentabilidade, na justiça social e no respeito com o meio ambiente e, principalmente, com a manufatura desses produtos.

Para finalizar, se por um lado o TRUEFOOD resgata os produtos tradicionais, ele não resgata a manufatura dos mesmos. Globalizando e padronizando os métodos de seu processamento, esse programa acaba por desconsiderar os conhecimentos passados e empregados de geração em geração, descaracterizando assim o próprio

[7] Soeiro (2000).

produto, uma vez que emprega uma legislação sanitária que não leva em conta as tradições produtivas desse tipo de alimento.

2.7. Ameaças e tendências para os alimentos tradicionais

Durante a sua manufatura, os alimentos tradicionais não podem obedecer à atual lógica dos processos produtivos do mercado de *commodities*. Pois, o que se destaca na produção dos alimentos tradicionais é a manutenção e conservação de suas características artesanais e atemporais.

As principais ameaças e tendências aos alimentos tradicionais são respectivamente:

- a falta de capacitação gerencial dos produtores rurais que manufaturam esse tipo de produto; para amenizar essa situação, os órgãos de extensão rural devem oferecer cursos de capacitação para o desenvolvimento desse produto, para que esse seja lançado no mercado com sucesso;
- a baixa qualidade de alguns alimentos tradicionais; para isso deve-se melhorar a sua qualidade sem que ocorra a sua descaracterização, como, por exemplo, a introdução de um processo produtivo predominantemente industrial;
- a maior divulgação desse tipo de produto, pois geralmente ele se encontra marginalizado: uma proposta para a solução desse problema seria o desenvolvimento de políticas públicas que o divulguem;
- a falta de uma legislação própria que defina e normalize os alimentos tradicionais; o desenvolvimento de uma proteção jurídica garantiria a esses produtos o conceito e os valores que eles estão associados;

- a concorrência com similares industrializados e que empregam em sua divulgação o mesmo apelo comercial; para isso o consumidor deve possuir garantias da veracidade de origem do alimento tradicional e isso se pode dar por um selo que garanta a sua origem; e
- a falta de capitalização dos produtores rurais; o poder público deve dispor de linhas de crédito acessíveis a esse tipo de produção.

2.8. Conclusão

A produção dos produtos tradicionais é apenas umas das soluções para as áreas rurais, principalmente àquelas que são pouco viáveis para se produzir *commodities*, como, por exemplo, regiões montanhosas e marginalizadas.

Nesse sentido, o desenvolvimento e a comercialização dos alimentos tradicionais tendem a elevar a renda dos agricultores em um ambiente produtivo sustentável. Outro aspecto importante é o aumento da auto-estima dos produtores rurais, pelo reconhecimento do consumidor final da qualidade superior dos seus produtos, quando comparados com os industrializados. É o seu saber-fazer sendo reconhecido pelo mercado consumidor.

Portanto, reconhecer a arte pelo trabalho é reconhecer o produtor rural como sujeito de seus processos produtivos.

Referências bibliográficas

BERNAT, E. "Los nuevos consumidores o las nuevas relaciones entre campo y ciudad a través de los 'productos de la tierra'", in *Agricultura y Sociedad*, n. 80-81, 1996.

BRYDEN, J. *Novas perspectivas para a Europa rural:* tendências globais e respostas locais. LEADER Magazine n. 18 – Outono, 1998. Disponível em: http://www.ruraleurope.aeidl.be/rural-pt/biblio/produ/contents.hmtm, acessado em: 20/05/2007.

MARIOT, J. E. *Produtos agroalimentares típicos (coloniais): situação e perspectivas de valorização no município de Urussanga, Santa Catarina, Brasil.* Dissertação de mestrado internacional em gestão do desenvolvimento rural. Universidade de Trás-os-Montes e Alto Douro, Vila Real, Portugal, 2002, p. 115.

RIBEIRO, M.; MARTINS, C. "A tradição já não é o que era dantes: a valorização dos produtos tradicionais face à mudança social", in *Economia e Sociologia*, n. 60, 1995, p. 29-43.

SOEIRO, A. "Produtos tradicionais portugueses: história, valores e sabores", in *Guia dos Produtos de Qualidade*. Lisboa, 2000.

TIBÉRIO, M. L. *Produtos tradicionais*: importância socioeconômica na defesa do mundo rural. 1ª Jornada de Queijos e Enchidos – Produtos Tradicionais. IAAS, EXPONOR, 1998, p. 1-13.

WEINER, S. *Manual Slow Food*. Disponível em: www.slowfood.com. Acessado em 10/03/2007.

Capítulo 3

Produção de Alimentos Tradicionais

Minha tese é simples: a gastronomia pertence ao domínio das ciências, da política e da cultura. Contrariamente ao que se acredita, ela pode constituir uma ferramenta política de afirmação das identidades culturais e um projeto virtuoso de confronto com a globalização em curso.

Carlo Petrini
Le Monde Diplomatique
(agosto de 2006)

3.1. Introdução

PROJEÇÕES realizadas para o agronegócio apontam que nos próximos 20 anos haverá um aumento da área plantada de produtos do tipo *commodities*. Nesse sentido, o Brasil continuará ofertando ao mercado externo matéria-prima de boa qualidade e em quantidades crescentes, porém com pouco valor agregado. Quando se observam as tendências dos países pertencentes à Comunidade Econômica Européia e Estados Unidos da América, visualiza-se a intensificação da produção de mercadorias mais elaboradas e com maior valor agregado, como, por exemplo, alimentos certificados, funcionais, enriquecidos, nutracêuticos (alimento-remédio), entre outros.[1] Esse tipo de produto pode ser processado no ambiente da propriedade rural.

Uma alternativa para os agricultores em relação à produção de *commodities* seria a diversificação de suas mercadorias, pois flexibilizando seus processos produtivos o agricultor poderia atender com maior eficiência à diversificação da demanda, cada vez mais crescente para produtos diferenciados, como no caso dos alimentos tradicionais. Para tanto, o proprietário rural pode adotar as atividades de processar e/ou certificar suas matérias-primas no ambiente da sua propriedade. Esse tipo de produto recebe o nome de bens especiais agroalimentares (BEAs),[2] sendo os alimentos tradicionais um tipo de BEAs.

De forma mais detalhada, os BEAs são aqueles alimentos que sofrem algum tipo de processo de transformação (minimamente ou totalmente processados) ou que podem receber algum tipo de certificação (orgânicos, produtos tradicionais, responsabilidade social, ambiental, indicação geográfica, produtos da fazenda, entre outras) em suas unidades produtoras. Geralmente, são produtos mais elabo-

[1] Wilkinson (2002).

[2] Zuin e Queiroz (2006).

rados quando comparados com os do tipo *commodities*, pois o preço pago por eles não é regulado de forma tão intensa pelo mercado, sendo que o proprietário rural possui certa liberdade de cobrar um valor justo por seus produtos. Um exemplo de produtos alimentícios que podem ser desenvolvidos na propriedade rural são as frutas ou os legumes minimamente processados e higienizados, ou os mais sofisticados, como vinho, cachaça, palmito, salames e queijos (alimentos tradicionais que são processados, embalados e prontos para o consumo).

A manufatura e/ou certificação dos produtos *commodities* têm como finalidade garantir e desenvolver padrões de qualidade, voltados para suprir a satisfação dos consumidores, desde que não afetem os seus atributos que os classificam como alimentos tradicionais.

A adoção dessa estratégia certamente irá propiciar a sobrevivência do agricultor em um mercado cada vez mais competitivo, bem como uma melhor qualidade de vida. Portanto, o emprego de um modelo de gestão do processo de desenvolvimento de produto para o ambiente rural, o PDP rural, torna-se essencial. Esse modelo é caracterizado pela sistematização de atividades gerenciais para a produção do alimento tradicional. O desenvolvimento desse tipo de produto deverá também reduzir os custos de produção e os impactos ambientais, introduzir a responsabilidade social, entre outras variáveis, tanto no ambiente interno como externo à propriedade rural, estruturando toda a cadeia produtiva agropecuária.

3.2. Caracterização dos produtores rurais

Na literatura especializada, várias são as definições e classificações encontradas para caracterizar os grandes e pequenos produtores rurais. Entretanto, a maioria das classificações obedece a uma abordagem mecanicista e generalista dos processos produtivos e de comercialização, como pode ser observado no Quadro 1. Nesse tipo de abordagem, os agricultores de grande porte são retratados como sendo cultivadores de *commodities*, pois apresentam uma escala maior de produção, possuem insumos e tecnologia moderna, maior especialização, fácil acesso ao crédito, maior grau de mecanização e uso mais intenso do capital.[3]

Por outro lado, os pequenos agricultores apresentam uma menor escala de produção, empregam insumos tradicionais (regionais) nos seus processos produtivos, apresentam pouca especialização, acesso mais difícil ao crédito e uma maior diversificação dos seus produtos.

Quadro 1 – Caracterização dos produtores rurais quanto aos aspectos produtivos.

Grandes Agricultores
Agricultor de produtos *commodities*, escala maior de produção, insumos e tecnologia modernos, maior especialização, fácil acesso ao crédito, maior grau de mecanização e maior uso de capital.
Pequenos Agricultores
Pequena escala de produção, insumos tradicionais, baixo nível tecnológico, pouca especialização, crédito difícil e produção dispersa.

Fonte: adaptado de Mendes e Padilha Jr. (2007)

Ainda com o mesmo viés filosófico, no Quadro 2 podem ser observadas relações entre as características de comercialização dos produtos e o porte dos produtores rurais.

[3] Mendes e Padilha Jr. (2007).

Os pequenos produtores são retratados como sendo comerciantes ineficientes, pois empregam custos de produção mais elevados, fato que contribui para a oferta de produtos rurais com preços mais caros para o consumidor, entre outras características. Já os agricultores de grande porte, os produtores de *commodities*, predominantemente, produzem em massa, a fim de suprir o mercado interno e externo. De acordo com os autores, esses agricultores são mais organizados, possuem melhor infra-estrutura, havendo poucos intermediários no momento da venda de seus produtos, entre outros aspectos.

Quadro 2 – Caracterização dos produtores rurais quanto à comercialização dos seus produtos.

Comercialização		
Pequenos produtores	***Médios produtores***	***Grandes produtores***
• mercado interno; • grande número de comerciantes; • pequenos lotes; • comerciantes ineficientes; • custos e margens elevadas; • baixo preço aos produtores; • elevados preços aos consumidores; • consumidores de baixa renda.	• mercado interno; • poucos intermediários; • lotes maiores; • comerciantes com maior escala; • margens menores; • intermediários mais eficientes; • consumidores de renda média-alta.	• mercado externo e interno; • poucos intermediários; • maior organização; • menor variabilidade de preços; • melhor infra-estrutura.

Fonte: adaptado de Mendes e Padilha Jr. (2007).

3.3. Agregando valor à produção agropecuária

Como se pode observar na Figura 1, vários são os produtos que podem ser desenvolvidos na propriedade rural, bem como o seu grau de agregação de valor. O primeiro tipo de produto que é produzido na propriedade rural e que possui baixo valor agregado seria o do tipo *commodity* (1).

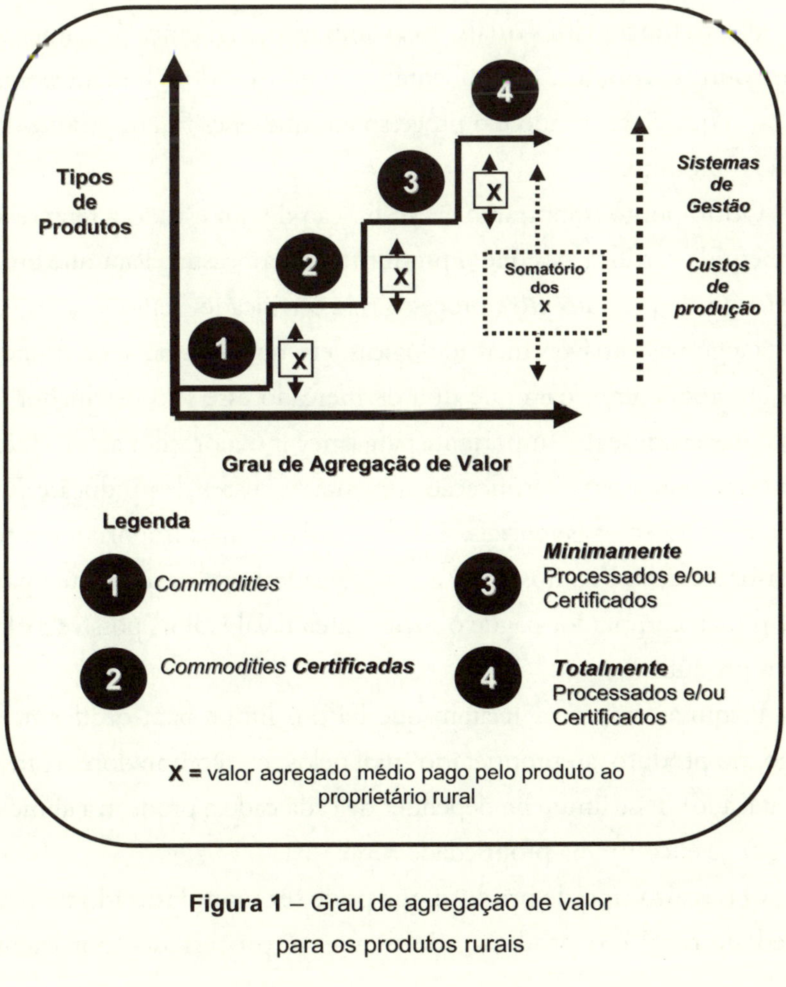

Figura 1 – Grau de agregação de valor para os produtos rurais

Esse produto pode ser considerado como matéria-prima para o possível desenvolvimento dos produtos bens especiais agroalimentares no ambiente da propriedade rural, como no caso das *commodities* certificadas (por exemplo, soja orgânica), e os produtos minimamente ou totalmente processados e certificados ou não (por exemplo, palmito embalado com certificado de comércio justo).

A primeira agregação de valor (X_1) que a matéria-prima *(commoditie)* pode obter é um selo de qualidade (2), ou seja, uma certificação (por exemplo: *Fair Trade* e *Eurepgap*). Há no mercado vários tipos de selos, como os que se preocupam com o bem-estar animal, qualidade de vida dos funcionários rurais, meio ambiente, segurança do alimento, entre outros atributos. Vale salientar que, no caso dos alimentos orgânicos, o que é certificado é o processo em que esses foram produzidos e não o produto.

Outro ponto importante é a realização de um estudo referente ao número de certificações que o produto poderá possuir. Para que qualquer tipo de produto e/ou processo seja certificado, serão levadas em conta algumas variáveis mercadológicas, em que deverão ser respondidas questões como: para que tipo de mercado esse será destinado? O custo da certificação é importante para agregar maior valor ao produto? Em quanto essa nova certificação aumenta os custos de produção? Entre outros aspectos gerenciais. Talvez a variável mais importante a ser mensurada seja: quantos selos a propriedade rural deve possuir para que o meu comprador pague o maior diferencial (valor) possível pelos meus produtos?

Pesquisas empíricas relatam que há um limite para o diferencial pago, no produto, ao proprietário rural pelos seus compradores (varejo ou atacado). Esse limite irá depender de cada cadeia produtiva alimentar que se encontra na propriedade rural.

O terceiro tipo de produto que pode ser manufaturado na propriedade rural é o produto minimamente processado (por exemplo, vegetais limpos e embalados) com ou sem cerificação (3). Este pode receber uma diferenciação maior (X_2), paga pelo comprador, do que os dois tipos anteriores. Esses produtos são geralmente ofertados diretamente ao consumidor final ou por meio de lojas de varejo, sem que tenham de ter passado por alguma agroindústria. O último tipo de produto (4) que se observa seriam os produtos denominados totalmente processados (por exemplo, vinhos e cachaças, com algum tipo de certificação) na propriedade rural. Esse produto pode ser disponibilizado diretamente ao consumidor final por venda direta ou por meio do varejo. A principal diferença desse tipo de produto em relação aos demais é que ele pode ser consumido sem que seja necessário qualquer processamento, isto é, ele já sai da propriedade rural pronto para ser consumido. Quanto à quantidade de valor que esse tipo de produto pode receber (X_4), deverá ser referente à somatória de todas as outras (X_1, X_2 e X_3), recebendo um valor máximo quando comparado aos demais tipos de produtos (1, 2 e 3).

No que condiz aos sistemas de gestão, observa-se uma relação direta do tipo de produto produzido na propriedade rural e os sistemas adotados durante a sua produção. Nos produtos *commodities*, geralmente levam-se em conta sistemas de controle de custos de produção e distribuição, por somente essa variável ser controlada pelos proprietários rurais. No que se referem aos produtos bens especiais agroalimentares (minimamente processados e totalmente processados, *commodities* certificadas), os sistemas de gestão são mais sofisticados, pois para a sua manufatura é necessário um planejamento estratégico que deverá envolver um grande conjunto de dimensões administrativas, como qualidade do produto e processo; custos de operação e materiais; desenvolvimento de novos produtos; marketing; recursos humanos; entre outros.

Geralmente, as propriedades rurais apresentam problemas relacionados com baixa capacitação técnica dos proprietários e funcionários para trabalhar nas linhas de produção dos produtos do tipo BEAs. Para alterar esse quadro, as propriedades estão investindo em treinamentos por meio de cursos fornecidos por órgãos de extensão rurais, governamentais e privados. Entretanto, a maioria desses treinamentos visa ao aperfeiçoamento técnico da produção desse tipo de produto, não contemplando o aspecto gerencial do negócio. O modelo PDP rural vai além da dimensão técnica, considerando o processo como um todo, isto é, a sua dimensão gerencial, que é por sua vez a garantia da sobrevivência do agricultor no mercado.

Com relação ao grau de agregação de valor, os alimentos tradicionais estariam ligados aos produtos 3 e 4, que são os minimamente e/ou totalmente processados, certificados ou não.

3.4. A gestão do PDP rural voltado à produção de alimentos tradicionais[4]

O objetivo principal das pessoas envolvidas nos trabalhos que se referem à gestão das atividades e tarefas do PDP rural é a elaboração de um *plano de ação* para o desenvolvimento do alimento tradicional. Esse plano irá proporcionar o planejamento correto das atividades e tarefas da equipe de PDP rural durante as macrofases de desenvolvimento dos produtos do tipo alimento tradicional. A primeira atividade é selecionar as pessoas que farão parte da equipe que irá desenvolver o alimento tradicional.

[4] Adaptado de Zuin e Alliprandini (2006).

De acordo com a Figura 2, para a correta elaboração do *plano de ação* deverão ser realizados estudos referentes – tanto nos ambientes internos como externos – à propriedade rural, onde serão coletadas informações do tipo: leis e normas de qualidade que podem afetar o desenvolvimento do alimento tradicional; necessidades dos consumidores; preço dos produtos concorrentes que estão no mercado, entre outras informações. Todas essas informações deverão estar de acordo com os objetivos da propriedade rural no que se refere à produção desse tipo de produto.

Nessa etapa serão planejadas algumas avaliações técnicas e econômicas, que serão aplicadas durante o desenvolvimento do alimento tradicional:

- desempenho técnico do produto no que se refere às especificações do projeto;
- desempenho em relação ao rendimento do produto na produção;
- desempenho pertinente à satisfação dos clientes/consumidores;
- desempenho econômico no que tange ao custo alvo; e
- desempenho em relação à perspectiva de vendas e participação no mercado.

O produtor rural deverá formar parcerias com os clientes e fornecedores durante o desenvolvimento do alimento tradicional. No caso dos fornecedores, alguns atributos do produto poderão ser comprados deles, como, por exemplo, aqueles relacionados ao tipo de embalagem do alimento. Parcerias realizadas com clientes garantem distribuição e pontos de vendas para esse tipo de produto.

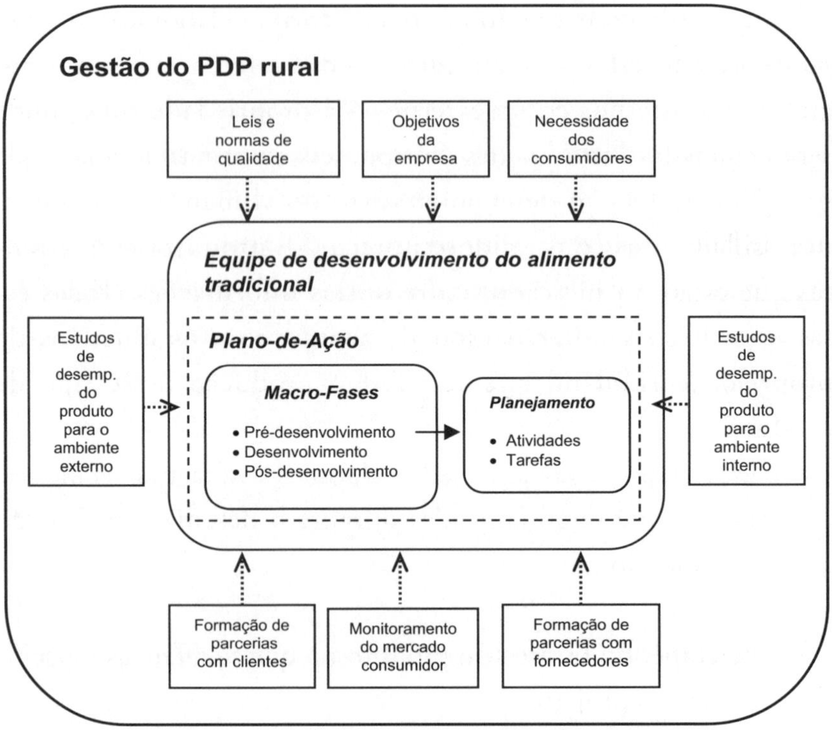

Fonte: adaptado de Zuin e Alliprandini (2006)

Figura 2 - Gestão do PDP rural para o alimento tradicional

Todas essas atividades deverão ser realizadas ao longo do PDP rural, de acordo com o *plano de ação* previamente elaborado. Geralmente, quanto maior a sofisticação técnica que o produto necessita para ser desenvolvido, mais pessoas serão envolvidas nesse processo.

Durante o desenvolvimento do *plano de ação*, normalmente serão analisadas variáveis que podem ser controladas e outras as quais a propriedade rural não possui controle. Os fatores que aparentemente não podem ser controlados e relacionados ao ambiente externo da propriedade rural são as políticas públicas, cataclismos naturais, entre outros.[5]

Quanto aos fatores de que a propriedade possui controle, estão relacionados ao talento comercial e tipo de administração empregada. Nesse caso, a maneira de administrar que será empregada na propriedade rural diz respeito ao uso do PDP rural, que estabelece estratégias, prioridades e ações, definindo os objetivos por meio do desenvolvimento e manufatura de produtos caracterizados como alimentos tradicionais.

3.5. Modelo de PDP rural para a produção de alimentos tradicionais

Como pode ser observado na Figura 3, o modelo de PDP rural possui o objetivo de sistematizar o desenvolvimento e a manufatura dos alimentos tradicionais.[6]

Esse modelo foi desenvolvido para atender a demanda, cada vez maior, de produtos certificados e/ou processados pelas propriedades rurais. Ele é um método que propicia ao produtor rural agregar valor por meio do desenvolvimento dos alimentos tradicionais. Na Figura 4, pode-se observar a visão macro do modelo de PDP rural, descrito pelo autor, sendo esse dividido didaticamente em três macrofases: pré-desenvolvimento, desenvolvimento e pós-desenvolvimento (respectivamente as etapas 1, 2 e 3).

O início das atividades do PDP rural, na macrofase de pré-desenvolvimento, é o processo de definição dos seus objetivos es-

[5] Maranhão (2006).

[6] Zuin e Alliprandini (2006).

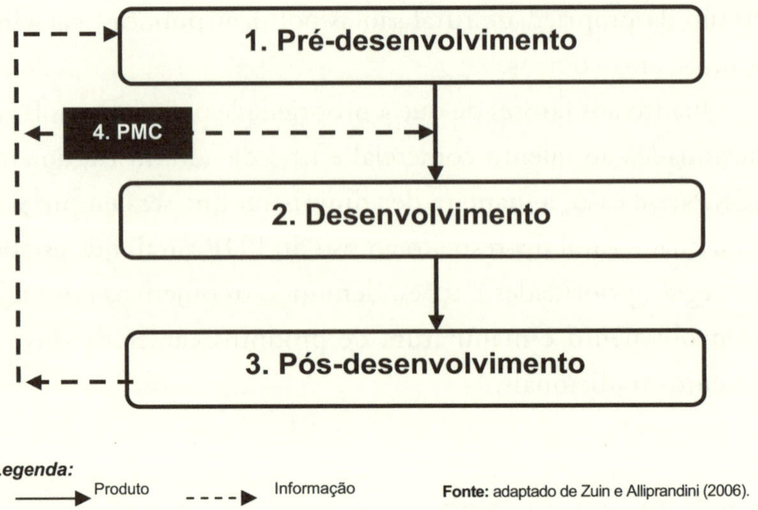

Figura 3 – Modelo de PDP rural proposto por Zuin e Alliprandini (2006)

tratégicos (1.1.) e a identificação das necessidades de consumidores e mercado (1.2.). As informações deverão ser coletadas por meio de um constante monitoramento das fontes de idéias para o novo produto (1.3.). Esse conjunto de informações, que irão propiciar uma nova idéia (1.4.) para um produto, pode originar-se tanto no ambiente interno como externo à propriedade rural; por exemplo: comunicação com os consumidores e clientes; produto/assistência técnica das empresas de insumos; produtos concorrentes, entre outros. As pessoas envolvidas nesse processo de monitorar as fontes de idéias deverão coletar e analisar as informações que estiverem de acordo com os objetivos da propriedade rural e necessidades do mercado (1.5.).

O próximo momento refere-se à avaliação e escolha das melhores idéias (1.5.), em que serão analisados os aspectos financeiros, mercadológicos e capacidade interna/externa, a fim de se produzir um novo produto, sendo as etapas, respectivamente, 1.5.1., 1.5.2.

e 1.5.3. A finalidade desses estudos é a de elaborar o conceito do produto e embalagem (1.6.). Nesta etapa, a análise financeira é de extrema importância, pois deverá garantir o retorno financeiro esperado para o investimento do novo produto. Desta maneira, os custos de projeto, manufaturação e inserção do produto no mercado, assim como outros aspectos, deverão ser contabilizados.

Deve ser também levado em consideração o aspecto mercadológico do produto, que objetiva verificar se a idéia para o novo produto atende às necessidades e expectativas do mercado. Deve-se discutir nessa etapa (1.5.) se o agricultor possui a capacidade de cultivar (e/ou criar) e manufaturar o novo produto, considerando a sua complexidade tecnológica e administrativa.

É interessante destacar, no caso da propriedade rural, que muitas das tecnologias empregadas pelo agricultor, durante os seus processos produtivos, são disponibilizadas pelas empresas de insumos. As empresas pertencentes a esse setor seriam os institutos de pesquisa (governamentais e privados), que direcionam, diretamente para esse agente, grande parte das suas inovações tecnológicas (produtos e processo). Portanto, para essa etapa, é essencial garantir a integração dos agricultores com a tecnologia. No que se refere aos aspectos gerenciais desse tipo de estudos, podemos afirmar que a maioria dos agricultores encontra-se ainda em um estágio inicial, adotando em muitos casos, como tarefa gerencial rotineira, apenas o tratamento dos dados dos seus custos de produção.

Todavia, alguns aspectos, como a gestão da cadeia de suprimentos e o próprio desenvolvimento de um novo produto, ainda não foram ofertados pelos extensionistas (e educadores), por meio de treinamentos, ao agricultor.

Sendo estudadas as idéias, é selecionada a que mais se enquadra nos objetivos da propriedade rural. A partir daí começam a ser desenvolvidos os conceitos do produto e embalagem (1.6.).

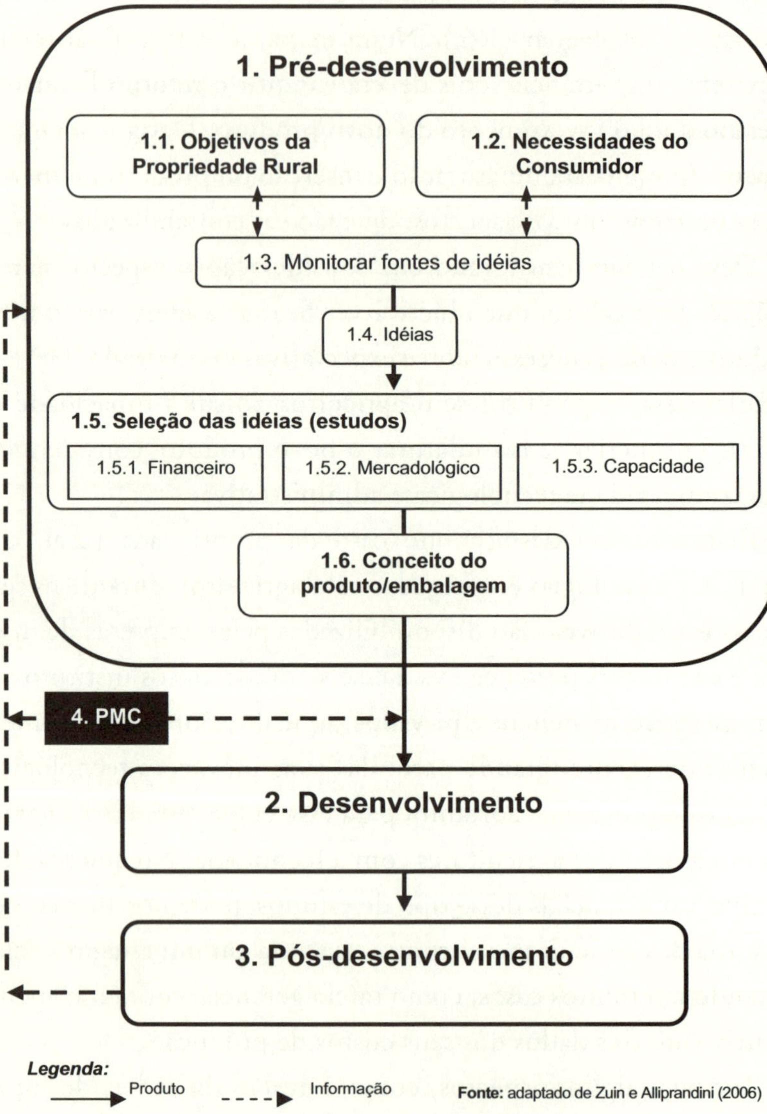

Figura 4 – Modelo de PDP rural:
Macro-fase Pré-desenvolvimento

O conceito do produto é o resultado dos conjuntos dos atributos desejados e impostos pelo consumidor final, clientes, legislação e empresas certificadoras (de indicação de procedência – IP), isto é, o resultado das variáveis dos ambientes institucionais e mercadológicos. O conceito do produto é definido como a somatória de todos os atributos de qualidade que o produto deverá possuir.

Para o conceito da embalagem, o produtor rural deverá ser capaz de responder a questões do tipo: o que ela deve ser (e fazer) pelo sucesso do produto? Tanto os conceitos do produto como o de embalagem correspondem à última atividade dessa macrofase.

Assim como se pode observar na Figura 5, a segunda macrofase corresponde ao desenvolvimento (2) do modelo de PDP rural. O planejamento do novo produto tem início no campo (cultivo e/ou criação), na produção correta de matéria-prima que irá abastecer a fase de processamento.

A fase de processamento dos alimentos (2.2.1.) deve ser iniciada com o correto planejamento do cultivo de vegetais e/ou criação de animais no campo, que deverão obedecer aos padrões de qualidade impostos pelo mercado consumidor e/ou ambiente institucional (2.2.1.1.).

No campo, as atividades pertinentes ao PDP rural iniciam-se com a definição de testes que serão empregados no produto e processo. Devem ser levados em conta nessa etapa a forma de cultivo e/ou manejo da criação com referência às normas da empresa certificadora. Por exemplo, em produtos do tipo orgânico não é o alimento que recebe a certificação, e sim o processo pelo qual ele passou.

Nessa etapa (2.1.), podem ser realizados testes de cultivo (e/ou criação) e maquinário para a escolha da melhor variedade, de acordo com as características da região em que a propriedade se encontra localizada (2.1.1.). Esses deverão estar de acordo com as necessidades e expectativas do mercado consumidor.

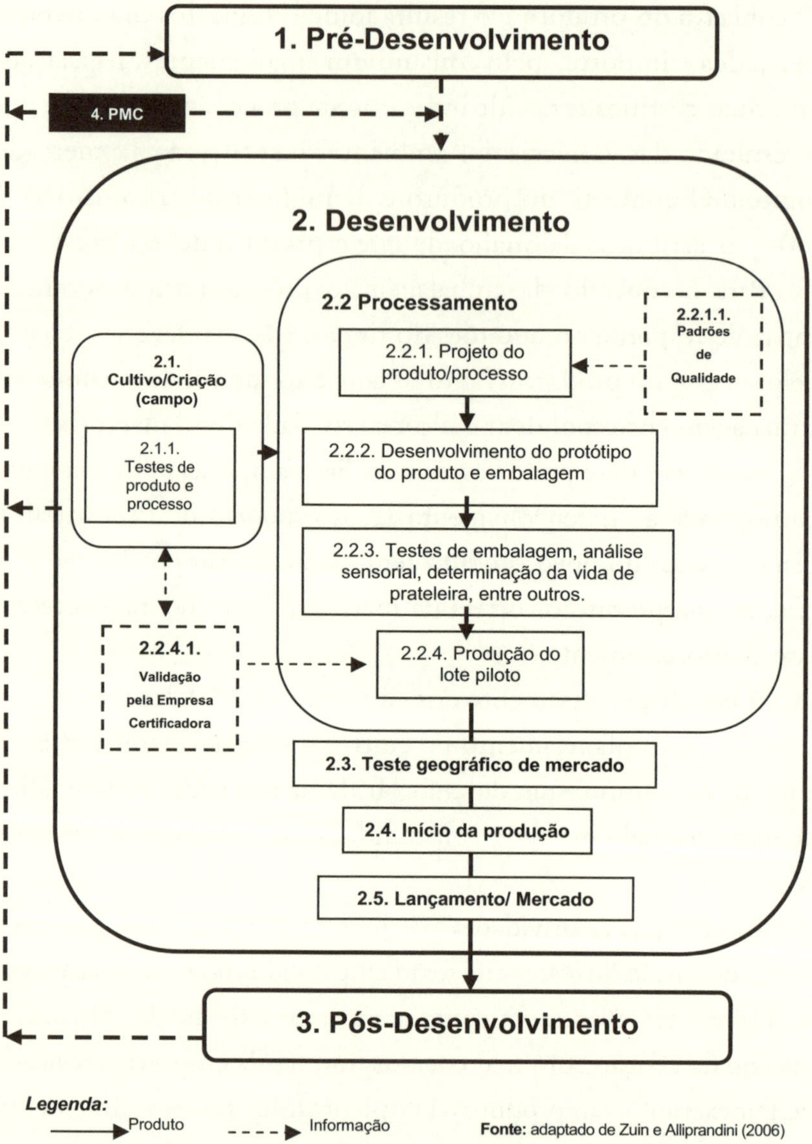

Figura 5 – Modelo de PDP rural:
Macro-fase Desenvolvimento

O cuidado em se produzir um alimento seguro inicia-se antes do preparo do solo e plantio. É necessário escolher insumos agrícolas que não sejam conflitantes com padrões de qualidade preestabelecidos (2.2.1.1.). Essa preocupação está presente em todos os momentos dessa etapa, durante o preparo do solo, plantio e colheita. Para tanto, deverá ser utilizada a ferramenta de garantia da qualidade Boas Práticas Agrícolas (BPA) e iniciar o processo de rastreabilidade do produto. O agricultor deverá ser capaz de identificar, por meio de um sistema de rastreabilidade, o histórico do produto dentro da sua propriedade, quando este for exigido por algum agente da cadeia produtiva. Assim, faz-se necessário que algumas informações sejam coletadas e armazenadas, como informações relativas à área cultivada na propriedade rural, os tipos de insumos empregados durante o processo, entre outros aspectos.

O próximo estágio, o de processamento do produto (2.2.), tem início no desenvolvimento do projeto do processo e produto (2.2.1.), sendo eles distintos da etapa anterior. Entende-se por projeto do processo a atividade que tem como objetivo definir os meios específicos a serem utilizados pelas forças operacionais de forma a atingir os objetivos e as metas do produto. O projeto do produto diz respeito às especificações inerentes aos seus atributos. Para a elaboração desses projetos deverá ser levado em conta o emprego de ferramentas de garantia da qualidade como: Análise de Perigos de Pontos Críticos de Controle (APPCC), Boas Práticas de Fabricação (BPF), Boas Práticas de Higiene (BPH) e continuar com a rastreabilidade do produto. Com base nesses estudos são confeccionados os protótipos do produto, embalagem e processo (como, por exemplo, compra de máquinas e equipamentos), tornando esses três itens que compõem o produto físico (2.2.2.).

Durante essa etapa realizam-se alguns testes referentes à embalagem, análise sensorial e determinação da vida de prateleira, entre outros (2.2.3.). O protótipo, sendo aprovado pela equipe, passa para a produção do lote piloto (2.2.4.). Nesse momento, deverá ser chamada a empresa certificadora para que realize a auditoria tanto do produto como do processo (2.2.4.1.). A propriedade rural, recebendo a certificação, começa imediatamente a sua produção (2.4.).

Entretanto, algumas agroindústrias, antes de começarem a sua produção, costumam realizar testes geográficos de mercado (2.3.), que consistem em selecionar uma cidade específica, considerada razoavelmente representativa do mercado total, para o lançamento seguido de uma campanha de marketing completa. Apesar de ser considerado uma ferramenta empregada durante a gestão de projetos, esse tipo de teste pode acarretar vários problemas para essas empresas, sendo empregado muitas vezes de maneira intensa e sem necessidade. Alguns estudos apresentam indicativos de que PDP rurais bem estruturados não necessitam do emprego dos testes geográficos de mercado.[7] Para finalizar essa macrofase, dar-se-á o planejamento do lançamento do produto no mercado (2.5.).

Após o lançamento do produto no mercado, dá-se o início à última macrofase, a de pós-desenvolvimento (3), que se caracteriza por atividades relacionadas a alguns estudos e avaliações internas e externas à propriedade rural, como: estudo da qualidade do produto e eficiência da produção; estudo do comportamento de compra; atitudes dos consumidores; avaliação da previsão de sucesso no mercado; previsão e planejamento do futuro do produto (vide figura 6).

Ainda que se tenham mantido os cuidados, a introdução de um novo produto no mercado é sempre um grande risco e, sendo um sucesso, esse produto é rapidamente copiado pelos concorrentes.

[7] Zuin *et al* (2004).

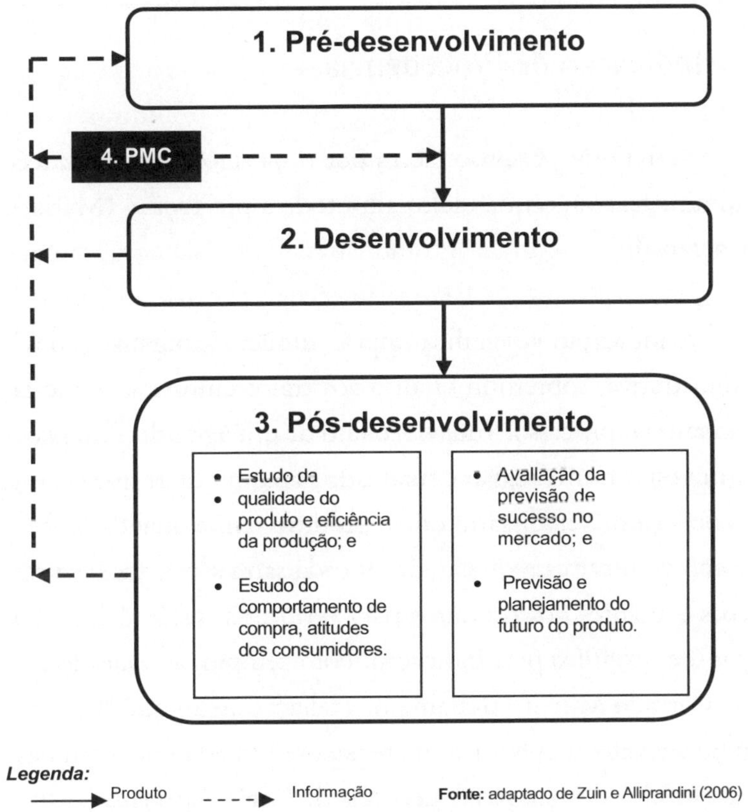

Figura 6 – Modelo de PDP rural: Macro-fase Pós-Desenvolvimento

A última atividade desse modelo é o emprego do processo de melhoria contínua – PMC – (4) tanto para os produtos como para os processos. Para a propriedade rural, esse sistema é empregado a fim de inovar sempre os seus produtos e processo, disponibilizando para o mercado produtos que estejam em sintonia com suas mais recentes necessidades. As empresas que utilizam esse processo tendem a estar à frente dos seus concorrentes, conquistando em primeiro lugar os novos nichos de mercado.

Indicação de Procedência

"ORDEM. O processo impõe uma rigorosa organização administrativa, o que racionaliza toda a produção" (Mariana Caetano).

A indicação geográfica impõe minuciosa organização administrativa, sobretudo quanto aos tratos culturais, o que racionaliza o processo. Todavia, o fato de um agricultor ou pecuarista estar numa região demarcada não quer dizer que ele seja beneficiado, é necessário que o produto tenha qualidade. Mas como verificar essa qualidade? A cada safra são feitas degustações e análises dos produtos para verificar se estão dentro dos padrões exigidos pela indicação. Por exemplo, as sacas de café do Cerrado Mineiro passam por avaliação assim que chegam a uma das oito cooperativas da região, sendo esta feita com base na SCAA – Associação Americana de Cafés Especiais.

Mariana Caetano, *Globo Rural*, agosto de 2007

Por fim, vale ressaltar como a propriedade rural irá tratar as informações que irão surgir naturalmente durante todo o PDP rural. É fundamental que a propriedade rural crie um sistema de documentação que vise alimentar o seu *portfólio* de produtos, para que novos produtos sejam manufaturados de forma mais rápida e segura. Há dois conjuntos de informações, as confiáveis e as não-confiáveis.[8] As confiáveis são aquelas em que há um elevado grau de conhecimento.

[8] Maranhão (2006).

O emprego desse tipo de informação permite a elaboração e o emprego de modelos, resultando em um alto grau de conhecimento de probabilidade de ocorrência, com um risco relativamente baixo. Já as informações não-confiáveis são decorrentes de um elevado grau de ignorância relativa; essas informações não são suficientemente conhecidas para que sejam permitidos a elaboração e o emprego de modelos, não sendo possível realizar prognósticos confiáveis. Alguns exemplos desse tipo de informação são os comportamentos predatórios tanto de pessoas-chaves como de parceiros (clientes e fornecedores).

Existe um conjunto de ferramentas administrativas que irão auxiliar a equipe no desenvolvimento do novo produto na propriedade rural, como: *benchmarking* de produto; engenharia reversa e simultânea; gestão de *portfólio*; análise sensorial sem ou com análise estatística dos dados; pesquisa de mercado e usuários experimentais.

3.6. Atividades e tarefas do PDP rural

O objetivo deste subcapítulo é o de esmiuçar as atividades e tarefas descritas ao longo do PDP rural.

Macrofase Pré-Desenvolvimento

As primeiras atividades da macrofase de pré-desenvolvimento dizem respeito à elaboração dos objetivos da propriedade rural e à identificação das necessidades do mercado consumidor para o desenvolvimento de produtos do tipo alimentos tradicionais.

Definir os objetivos da propriedade voltados para o desenvolvimento dos alimentos tradicionais é uma etapa que deve ser realizada anualmente e deve ser revisada sempre que se julgar necessário. Formular esses objetivos não é uma tarefa banal, pois as variáveis que podem influenciar na construção de diferentes linhas de pensamento podem gerar expectativas difusas quanto às reais metas da propriedade rural. Essas variáveis podem advir de pessoas que influenciam as suas tomadas de decisões, sendo conhecidos como os *stakeholders*.

Os *stakeholders* são compostos por pessoas que participam (direta ou indiretamente) dos processos de manufatura do produto, seja consumindo ou comercializando alimentos tradicionais. Esses grupos de pessoas podem ser configurados como os funcionários da propriedade rural, o proprietário, os órgãos financiadores (bancos), os parceiros (fornecedores e distribuidores), as agências governamentais de extensão rural e outras organizações estatais e privadas. Cada um desses grupos e instituições possui interesses diferentes para com o futuro da propriedade rural. As informações provenientes desses grupos podem influenciar na definição e prioridade dos objetivos da propriedade rural, durante o seu planejamento anual. Entretanto, esse conjunto de informações que será empregado pelos agricultores não deve ser conflitante com a missão da propriedade rural, que é a de desenvolver e produzir os alimentos tradicionais de maneira sustentável (missão genérica).

A propriedade deve certificar-se de que os objetivos referentes ao desenvolvimento de alimentos tradicionais estejam compatíveis com a realidade do produtor, de sua propriedade e região. Esses objetivos devem ainda ser compreendidos e compartilhados por todos aqueles que estejam envolvidos no processo de desenvolvimento. Sabendo que as propriedades rurais de pequeno e médio porte possuem limitações de recursos financeiros, materiais e humanos, é imprescindível que os objetivos estipulados nessa fase sejam alcançáveis dentro da realidade e do contexto vivenciado. Espera-se que esses objetivos sejam os mais específicos possíveis, nos quais esses poderão ser compreendidos por todos os grupos envolvidos durante todo o ciclo de vida do produto.

Diagnosticar os ambientes interno e externo à propriedade rural é uma atividade que irá fornecer dados e informações preciosas para a elaboração dos objetivos. Esta análise deve ocorrer a cada ano. O diagnóstico do ambiente é uma oportunidade de verificar a satisfação dos agentes financiadores, parceiros (fornecedores e distribuidores), funcionários, clientes e consumidores. O objetivo da reunião de diagnóstico é essencialmente um levantamento de dados e informações, que pode ser realizado por meio do emprego de uma ferramenta administrativa de apoio chamada "tempestade de idéias". O objetivo desse levantamento é o de auxiliar a propriedade rural a detectar as oportunidades de mercado, encontrar ameaças no que se refere ao ambiente externo e descrever as forças e fraquezas da propriedade rural para o desenvolvimento desse tipo de produto.

As *forças* correspondem ao conjunto de atividades e processos que funcionam bem e que são referências para todas as pessoas envolvidas na produção. Essas atividades e processos devem proporcionar resultados comprovados. As *fraquezas* são atividades e processos que poderiam ter sido realizados de maneira eficiente, caracterizando oportunidades de melhorias para a propriedade rural, mas não foram. As *ameaças* são os fatores de risco para o bom desempenho das atividades e processos da propriedade rural, podendo comprometer a concretização dos seus objetivos. As *oportunidades* seriam os fatores relacionados ao ambiente externo que irão favorecer as atividades na propriedade, contribuindo para o cumprimento de seus objetivos.

O monitoramento e a análise do ambiente externo devem compreender as atuais conjunturas tecnológicas, políticas, econômicas, legais, socioculturais, demográficas e ecológicas. Com relação à análise do ambiente interno, ela deve esclarecer as tarefas das dimensões de planejamento estratégico, financeiro, de marketing, operacional e de captação de recursos. Uma vez diagnosticadas a situação e as tendências externas e internas, será possível definir corretamente os objetivos da propriedade rural, no que se refere ao tipo de alimento tradicional que se irá manufaturar.

Esse tipo de monitoramento permite identificar um conjunto de idéias que podem estar voltadas ao desenvolvimento de novos produtos tradicionais. As idéias, depois de capitadas, irão passar por três tipos de estudos: de capacidade, financeiro e mercadológico.

O estudo financeiro, durante o desenvolvimento dos alimentos tradicional, nada mais é que a formulação do custo-alvo de cada uma das idéias identificadas, no monitoramento dos ambientes externo e interno. O custo-alvo é o resultado da subtração entre o *preço de venda* do produto e a *margem de ganho*, que a propriedade rural estuda para cada produto. O custo-alvo nada mais é que o custo do desenvolvimento do produto, sendo ele o norteador do novo projeto. Esse custo corresponde à somatória dos custos do desenvolvimento do projeto (P&D), a introdução do novo produto na estrutura da propriedade rural, despesas relativas do lançamento e posterior retirada do novo produto no mercado consumidor. De forma simples, o produtor rural pode colocar preço no seu produto por meio da coleta de dois conjuntos de informações: cotando junto ao público alvo o preço que ele está disposto a pagar e pesquisar o preço que os produtos similares ao seu, os da concorrência, estão sendo ofertados ao mercado.

Os estudos de capacidade e mercadológico possuem como principal objetivo fornecer informações que irão alimentar a determinação do custo-alvo do produto. Selecionada a melhor idéia, são elaborados os conceitos do produto e da embalagem.

A última tarefa dessa macrofase é o estabelecimento dos conceitos do produto e embalagem. O conceito da embalagem pode ser definido como o conjunto de artes, ciências e técnicas empregadas na preparação das mercadorias, com o objetivo de criar as melhores condições para transporte, armazenagem, distribuição, venda e consumo. Um meio de assegurar a entrega de um produto, numa condição razoável com o menor custo total,[9] é a embalagem. O desenvolvimento de uma embalagem deve levar em conta algumas informações, como: conhecimento dos materiais que irão compô-la; dados a respeito do produto, das condições da logística (movimentação, armazenagem e transporte); aspectos legais ligados à rotulagem e aos materiais empregados (leis e normas); atratividade do consumidor e funcionalidade durante o manuseio.

O conceito do produto pode ser definido como a somatória dos atributos que ele deve possuir para atender às necessidades dos clientes e consumidores finais, durante toda a cadeia produtiva, uma vez que os consumidores estão cada vez mais interessados em adquirir pacotes de benefícios, presentes nos produtos. No caso de alimentos, esse conjunto de benefícios pode estar associado à adição de substâncias que trazem benefícios à saúde, como, por exemplo, ferro ao leite. Entretanto, para os alimentos tradicionais deve-se tomar cuidado, pois a adição de uma nova substância poderá descaracterizá-lo.

Macrofase Desenvolvimento

Essa macrofase inicia-se com alguns estudos referentes a criação e/ou cultivo; possui o objetivo de fornecer para a etapa de processamento a matéria-prima adequada para a produção dos alimentos tradicionais. Assim algumas perguntas deverão ser respondidas, tais como: que tipo de animais e insumos serão empregados? Temos mão-de-obra especializada e maquinário para o processo? O manejo empregado durante a criação e/ou o cultivo estão de acordo com as

[9] Moura e Banzato (2000).

normas para a certificação exigidas pelas empresas certificadoras? Os fornecedores de insumos, de onde se encontra a minha propriedade rural, fornecem o que irei precisar nos meus processos produtivos? Entre outros questionamentos.

Realizados esses estudos, começa-se o planejamento do processo do produto e da embalagem referente à fase de processamento do alimento. Os estudos seriam as elaborações do projeto do produto e processo; essa etapa nada mais é que o detalhamento dos seus conceitos. Uma das primeiras atividades é a de se colocar no papel a receita detalhada do alimento tradicional. O objetivo dessa formalização é o de normatizar os produtos, diminuindo a sua variabilidade, o refugo e retrabalho dos produtos. Como visto, as principais funções que as embalagens possuem são a de armazenar, proteger e comunicar o produto. O planejamento da embalagem deve ainda definir alguns aspectos fundamentais, como: medidas, material empregado, *design*, padronização das embalagens e custo. Todos esses aspectos irão afetar os processos produtivos dos alimentos tradicionais.

Com esses estudos efetuados, o próximo passo é passar o produto da dimensão imaginária para a física, por meio da manufatura do protótipo do alimento tradicional, isto é, colocar em prática a receita definida na tarefa anterior. Com os protótipos prontos, tanto do produto quanto da embalagem, esses irão passar por vários tipos de testes, por exemplo:

- análise sensorial: é o mais comum dos testes em alimentos, realizado por meio da degustação, junto a uma amostra de potenciais consumidores (essa amostra deve ser no mínimo de 100 pessoas, para ter validade estatística); este teste visa identificar atributos dos novos produtos, por exemplo: sabor, cheiro, cor, funcionalidade da embalagem e outras características. Várias alternativas do produto podem ser testadas até se chegar ao equilíbrio sabor/saúde/tradição;

- as embalagens devem passar por uma bateria de testes, como os de vibração, compressão, impermeabilidade, quedas, durabilidade, entre outros;
- tempo de vida de prateleira (prazo de validade): esse tipo de teste simula em um determinado tempo (dependendo do produto) o seu envelhecimento em tempo real.

A produção do lote piloto é uma atividade essencial do PDP rural, o seu objetivo é o de confirmar, na prática, os conceitos, as medidas e os sabores do alimento tradicional. Entretanto, na prática, a produção do lote piloto apresenta uma série de inconvenientes para o setor de produção da propriedade rural, pois basicamente atrapalha a rotina dos processos de manufatura. Em alternativa ao teste do tipo "lote piloto", pode ser realizada uma "prova de laboratório", na qual é efetuada uma operação em pequena escala, sendo essa atividade conduzida para demonstrar a aptidão do processo. O produto, nesse momento, caso não se realizem mais testes (como o geográfico de mercado), é enviado à produção.

Caso a propriedade rural esteja bem estruturada técnica e administrativamente, depois de pouco tempo, ela poderá requisitar algum tipo de certificação (por exemplo, a ISO 9000). A certificação possui o objetivo de assegurar ao consumidor que o produto adquirido apresente determinados atributos interessantes para a sua necessidade. Esses atributos podem estar associados a características de qualidade (produto e/ou processo), segurança do alimento, tradição, informações sobre rastreabilidade, histórico do produto, entre outros.

O primeiro passo seria o de realizar uma auditoria interna, para constatar se o sistema de gestão está funcionando. Durante essa etapa é normal encontrar ainda defeitos nos processos, sendo necessário alterar algumas das decisões e alguns procedimentos. Nesse momento, deverão ser novamente instruídos os funcionários responsáveis por cada etapa do processo. Não é interessante solicitar a auditoria da empresa certificadora antes de realizar algumas auditorias internas, pois o produtor poderá perder tempo e dinheiro. Feito isso, a propriedade rural poderá chamar a empresa certificadora.

A propriedade rural deverá fornecer para a certificadora os seguintes documentos básicos:

- manual de atividades de garantia e controle da qualidade da propriedade rural;
- lista de procedimentos de garantia da qualidade;
- questionário para a certificação preenchido corretamente;
- desenho de um fluxograma das fases de processamento mais relevantes, indicando os pontos em que serão realizados os controles;
- lista dos documentos que os funcionários utilizam para controlar a qualidade dos vários pontos dos processos;
- descrição de todos os equipamentos de controle da linha de produção;
- desenho do organograma da propriedade rural, no qual são especificados (nominalmente) os responsáveis pela qualidade; e
- esboço dos esquemas de acesso a todas as instalações da propriedade.

Logo, a auditoria externa adentra em todos os níveis da propriedade rural e geralmente os seus trabalhos não duram mais que três dias. Ao final dessa auditoria podem ocorrer dois resultados:

- aprovação: em que a propriedade rural deverá respeitar todas as cláusulas da norma, recebendo a certificação; ou

- existências de não conformidades: em que foram detectadas durante a auditoria situações as quais não são compatíveis com a norma e, assim, a propriedade rural deverá alterar o que for necessário nos pontos não conformes. Depois de alguns meses, a propriedade rural, tendo contornado esses problemas, poderá solicitar a realização de uma nova auditoria, e a certificadora irá observar apenas os requisitos que não estavam em ordem.

Depois de conquistada a certificação, a propriedade rural sofrerá anualmente uma auditoria de acompanhamento pela empresa certificadora. Ao final do terceiro ano, a empresa certificadora irá realizar uma auditoria de renovação, mais detalhada, para constatar se a propriedade continua a respeitar as normas da certificação.

A propriedade rural, antes de lançar o produto no mercado, pode ainda realizar o teste geográfico,[10] que pode ser empregado pelas empresas para determinar as reações dos consumidores sob condições normais de venda. O teste de mercado é o primeiro estágio no qual o produto fica exposto às condições reais de mercado.

O teste geográfico de mercado consiste no processo de seleção de uma cidade específica, considerada razoavelmente representativa do mercado total, seguido do lançamento do produto com uma campanha de marketing completa. Com o teste em andamento por alguns meses, por meio do volume de vendas, calcula-se a sua participação no respectivo mercado; a alta administração poderá estimar o provável desempenho do produto em um lançamento real. Assim, a empresa deverá selecionar uma área para o teste, onde

[10] Boone e Kurtz (1998).

seus habitantes deverão representar a população geral no que diz respeito à idade, ao nível educacional e à renda familiar.

Entretanto, esse tipo de teste pode acarretar algumas reações negativas, tanto gerenciais como técnicas, para a agroindústria, a saber:

- esse tipo de teste é muito oneroso, apresentando custos com mídia (para divulgar o novo produto), logística e varejo (lugar nas prateleiras do supermercado);
- os concorrentes podem tomar conhecimento do teste e desvirtuar os resultados, reduzindo os preços de seus próprios produtos (por exemplo, dando descontos aos varejistas) e exigindo dos varejistas um espaço maior nas prateleiras;
- os bens duráveis, de vida longa, raramente são submetidos aos testes de mercado, tendo em vista não só os grandes investimentos de capital exigidos para o seu desenvolvimento, mas a necessidade da criação de uma rede de revendedores para a distribuição dos novos produtos, e de peças de assistência técnica; e
- a realização de testes de mercado para um novo produto pode comunicar ainda os planos da empresa aos concorrentes antes mesmo do seu lançamento em um território mais abrangente.

Sendo realizados esses testes, inicia-se a produção regular do alimento tradicional. A próxima atividade por que passa o alimento tradicional é a elaboração das estratégias de lançamento desse tipo de produto no mercado consumidor. De maneira simples, o lançamento do produto obedece a oito atividades, sendo:

- *Processo de idealização*

Durante esse processo, o agricultor deve pensar qual o mercado que o produto deverá atingir e de qual forma; elaborar o conjunto de benefícios que o produto proporcionará aos consumidores; decidir a melhor forma de comunicar o conjunto de benefícios; e responder quais os resultados esperados a curto, médio e longo prazos.

• *Processo de desenvolvimento*

O produtor deve elaborar, em conjunto com os órgãos de extensão rural, um plano de marketing de forma detalhada, devendo abordar o futuro esquema de vendas e prevendo o grau de aceitação do produto no mercado consumidor; e o agricultor deverá determinar o ciclo de vida do produto para esse mercado consumidor.

• *Planejamento do lançamento*

O produtor rural deverá informar e treinar as pessoas que irão efetuar a venda dos produtos; vender o alimento tradicional para o varejo/atacado e consumidor final; e fazer com que todos esses agentes recomprem freqüentemente o alimento.

Durante a macrofase de desenvolvimento, o plano de marketing deverá estar atento a fornecer subsídios aos seguintes aspectos do negócio, como:

• *Distribuição do produto*

É necessário saber que tipo de canal de distribuição será usado e determinar o número de canais de distribuição. A propriedade rural deverá investir no desenvolvimento e controle dos canais de distribuição e deve-se saber por meio de qual tipo modal de transporte será realizada a distribuição física dos produtos, que métodos e tipo de estocagem, que armazéns serão empregados, entre outras.

• *Promoção de vendas*

Deve ocorrer investimento em promoção; escolha do tipo de estratégia promocional que será adotada; e deve-se escolher quais os incentivos e instrumentos adicionais que serão empregados durante o lançamento.

• *Propaganda*

Deve ocorrer investimento em propaganda, definindo qual tipo de mídia será utilizada durante o lançamento do produto, bem como qual proporção, intensidade e freqüência.

• *Publicidade*

Que eventos serão realizados para se conseguir publicidade? E que tipo de veículos de mídias serão empregados?

• *Estratégia de vendas do produto*

Como deverá ser organizada a estratégia de vendas por território geográfico, produto e tipo de cliente? Como será realizado o recrutamento, a seleção e a motivação dos vendedores? A que forma de avaliação eles serão submetidos?

Macrofase Pós-desenvolvimento

No momento em que o alimento tradicional é lançado no mercado, tem início a macrofase pós-desenvolvimento. Essa macrofase é caracterizada por desenvolver atividades relacionadas à coleta de informações tanto nos ambientes interno como externo da propriedade rural, resultando em estudos de aprimoramento do produto tradicional.

No ambiente externo, são estudados o comportamento de compra, as atitudes dos consumidores, a avaliação da previsão de sucesso no mercado, a previsão e o planejamento do futuro do produto; no ambiente interno são realizados estudos referentes à conformidade do produto, à eficiência e à eficácia da produção.

O sucesso do produto no mercado está relacionado com a satisfação dos consumidores no momento de pós-compra, que depende do desempenho da oferta em relação às expectativas do comprador.

Um método de mensuração do desempenho do produto pode ser a aplicação de questionários e caixas de sugestões para serem aplicados junto ao consumidor, gerentes de supermercados, distribuidores, entre outros.

No ambiente interno, os estudos de conformidade do produto referem-se à comparação do produto final com o projeto original do alimento tradicional (projeto do produto), devendo eles responder à questão: o produto que está sendo ofertado ao mercado consumidor é o mesmo que foi desenvolvido durante todo o PDP rural?

A eficiência e a eficácia da produção são estudos realizados que determinam como ocorrem os processos produtivos de manufatura da propriedade rural. A eficácia é definida como a medida que expressa até que ponto os objetivos foram atingidos mediante o planejamento anterior. Logo, ser eficaz é realizar uma tarefa que atinja totalmente um resultado esperado, isto é, a comparação entre o que se pretendia fazer e o que realmente foi concretizado. A eficiência refere-se à relação entre os resultados obtidos e os recursos empregados.

3.7. Ferramentas e sistemas de gestão que auxiliam o PDP rural

Durante os trabalhos de desenvolvimento do produto tradicional, algumas ferramentas e sistemas de gestão funcionam como apoio para esse processo; vejamos:

• *Engenharia simultânea*

Trata-se da execução, em paralelo, de algumas fases e tarefas referentes ao PDP rural, por exemplo, realizar os estudos do projeto do produto e do processo na macrofase de desenvolvimento do alimento tradicional. Desse modo, o PDP rural é um processo composto de fases e atividades realizadas em paralelo (estudo financeiro, de capacidade e mercadológico) de forma seqüencial (teste do produto/ embalagem e lote piloto).

• *Gestão de portfólio*

Refere-se a uma abordagem gerencial que permite potencializar o alcance dos objetivos da propriedade rural por meio de seleção, priorização, avaliação e gerenciamento de projetos que envolvem a temática dos alimentos tradicionais. O *portfólio* dos produtos deve estar alinhado com os objetivos da propriedade rural, bem como o PDP rural.

• *Engenharia reversa*

Consiste numa atividade que desmembra um produto (alimento) a fim de entender como uma outra propriedade rural concorrente o fez, realizando um exame detalhado do projeto de um concorrente e identificando suas características-chave.

• *Benchmarking* do produto

Trata-se de uma atividade gerencial de comparação dos produtos produzidos de outras propriedades que sejam referência de excelência.

• *Brainstorming* (tempestade de idéias)

Refere-se a uma técnica utilizada por grupos de trabalho para encorajar a geração, o esclarecimento e a avaliação de uma lista de idéias, problemas ou tópicos a respeito de um determinado assunto.

• *APPCC* (Sistema de Análise de Perigos e Pontos Críticos de Controle)

O APPCC é um sistema que observa, em cada etapa do processo produtivo, alguma variável que pode sair errada, juntamente com prováveis causas e efeitos, estabelecendo os mecanismos de controle. Esse sistema de garantia da qualidade é composto por sete princípios, sendo: identificação de perigos e medidas preventivas relacionadas; identificação dos pontos críticos de controle (PCCs); estabelecimento dos limites críticos de controle; monitoramento dos limites críticos; caracterização das ações corretivas; verificações e registros.

• *BPF* (Boas Práticas de Fabricação) e *BPH* (Boas Práticas de Higiene)

São sistemas específicos para a indústria de alimentos, com procedimentos que ajudam a definir parâmetros higiênicos em certos aspectos do processamento e na manipulação do produto.

• *Sistema de rastreabilidade*

É a informação necessária para descrever a história de um grupo de alimentos e subseqüentes transformações ou processos pelos quais passou esse alimento. Essa informação é coletada desde as empresas de insumos até o consumidor final. Os sistemas potencialmente rastreáveis relacionam-se à elevada perecibilidade do produto; ao elevado risco de contaminação do consumidor; necessidade de comprovação de inocuidade e sanidade de todos os agentes da cadeia produtiva; exigência do mercado consumidor de produtos de alta qualidade; e casos especiais por motivos de controles sanitários estritos (por exemplo, abates de animais que devem ser realizados por meio de rituais religiosos).

BPA (Boas Práticas Agrícolas)

Diz respeito ao conjunto de variáveis e recursos envolvidos na atividade produtiva da propriedade rural. Para a agropecuária, deve-se levar em conta a utilização do solo de maneira sustentável; o gerenciamento da utilização da água; a seleção de culturas anuais e temporárias; o tipo de condições de armazenagem; a administração e o controle eficiente das fontes energéticas na propriedade; a responsabilidade social; e a conservação do meio ambiente. Durante a criação e o manejo dos animais, devem ser levados em conta alguns aspectos produtivos, sendo todos relacionados com o bem-estar animal como, por exemplo, espaço adequado, sombreamento, entre outros.

A morte da receita do *nonno*

"Acuado por normas de toda espécie – tributárias, ambientais e sanitárias –, o método de produção consagrado pelos imigrantes italianos está com os seus dias contados" *(Geraldo Hasse).*

Basta ler a embalagem de qualquer produto alimentício para concluir que é cada vez mais difícil fazer um produto artesanal como antigamente – só com temperos e condimentos naturais, mais a defumação e o tempo da cura. As novas normas – tributárias, ambientais e sanitárias – impostas aos abatedouros e às agroindústrias em geral puseram em xeque um conjunto de conhecimentos passados de geração em geração.

Para a produção de embutidos de carne, alguns imigrantes italianos que residem no sul do Brasil utilizavam alguns condimentos básicos, entre eles, o salitre. Esse condimento era de responsabilidade do "nonno" que sabia exatamente a quantia a ser utilizada, assim como o grau de gordura para cada tipo de embutido. Esses conhecimentos do "nonno" advinham de um grande período de experiências e vivências para a fabricação e conservação desses alimentos.

Contudo, na receita do "nonno" o primeiro mandamento da qualidade para a confecção de uma simples lingüiça, um salame ou uma copa era a matéria-prima, um suíno caipira alimentado geralmente com alimentos orgânicos. Hoje é prescrito que esse porco seja criado em granja, diferenciando o sabor desse produto, pois o porco criado na granja alimenta-se de rações industrializadas que afetam alguns padrões de qualidade da carne, como textura e sabor.

Mas não é por razões sanitárias que o porco "malcriado" está sendo banido, há questões econômicas por trás disso. As agroindústrias, em geral, seguindo as normas do ambiente institucional, passaram a ter de comprar a matéria-prima e outros insumos para a sua produção, pagando ainda uma série de tributos fiscais para comercializá-los.

Afinal, o que ensinar às novas gerações? Mesmo aderindo às normas impostas, a família dessa agroindústria de imigrantes continua consumindo carne fresca e embutidos sem aditivos, pois na hora de preparar a massa dos embutidos para a comercialização, o "nonno" separa uma parte especial para o consumo doméstico, sendo esta uma prática na indústria de embutidos que até os agentes fiscais governamentais reconhecem.

Globo Rural, junho de 2007

3.8. Conclusão

O modelo PDP rural possui como principal objetivo a sistematização das atividades e tarefas referentes ao desenvolvimento de novos produtos alimentícios, ajudando a garantir o sucesso no mercado consumidor dos produtos BEAs, mais especificamente os alimentos tradicionais que são manufaturados pelas propriedades rurais.

Todavia, esses produtos são manufaturados de forma empírica, isto é, falta um modelo que sistematize as atividades e tarefas referentes ao desenvolvimento dos alimentos tradicionais, como o recomendado pelo PDP rural.

Nesse sentido, o modelo PDP rural demanda a necessidade de aprendizagem constante como forma de o proprietário rural manter-se competitivo no mercado consumidor, pois sugere a busca de novos cursos, uma maior capacitação gerencial de seus negócios. Do ponto de vista didático, esse modelo consegue mostrar claramente as mais diversas interações entre as dimensões gerenciais que serão empregadas nesse processo. Por meio da capacitação desse modelo e posterior produção dos alimentos tradicionais, a propriedade rural tende a gerar uma maior renda, influenciando positivamente vários aspectos socioeconômicos, mercadológicos e ambientais, tanto no seu ambiente interno como externo.

Dessa forma, busca-se tornar o modelo de PDP rural – referência para a produção de produtos – bens especiais agroalimentares tradicionais junto aos órgãos de extensão rural. Esse modelo poderá ser empregado em todo o território nacional, melhorando a qualidade de vida do proprietário rural, garantindo a sua sobrevivência e respeitando o meio ambiente.

Referências bibliográficas

BOONE, L. E.; KURTZ, D. L. *Marketing Contemporâneo*. Rio de Janeiro: LTC – Livros técnicos e científicos Editora S.A., 1998, p. 563.

MARANHÃO, M. *ISO série 9000: versão 2000: manual de implementação: o passo-a-passo para solucionar o quebra-cabeça da gestão*. 8ª ed., Rio de Janeiro: Qualitymark, 2006, p. 232.

MENDES, J. T. G.; PADINHA JR., J. B. *Agronegócio: uma abordagem econômica*. São Paulo: Pearson, 2007, p. 369.

MOURA, R. A.; BANZATO, J. M. *Embalagem Unitização & Conteinerização*. São Paulo: IMAM, 2000.

WILKINSON, J. "Estudo da competitividade de cadeias integradas no Brasil: impactos das zonas de livre comércio", in: COUTINHO, L. G *et al.* (Org.). *Cadeia: biotecnologia e agronegócios*. Nota técnica final, Universidade Estadual de Campinas, Instituto de Economia, 2002, p. 97.

ZUIN, L. F. S.; ALLIPRANDINI, D. H. "Gestão da inovação na produção agropecuária (GIPA)", in: ZUIN, L. F. S.; QUEIROZ, T. R. (Org.). *Agronegócios: gestão e inovação*. 1ª ed., São Paulo: Saraiva, 2006, v. 1, p. 252-278.

ZUIN, L. F. S.; QUEIROS, T. R. "Gestão e inovação nos Agronegócios", in: ZUIN, L. F. S. (Org.); QUEIROS, T. R. (Org.). *Agronegócios: gestão e inovação*. 1ª ed., São Paulo: Saraiva, v. 1, p. 3-19, 2006.

ZUIN, L. F. S.; ALLIPRANDINI, D. H.; TOLEDO, J. C.; PRANCIC, E.; MERGULHÃO, R. C.; DORNA, M. A. S. "Segurança do alimento no processo de desenvolvimento de produto: estudo de caso em duas empresas de grande porte", in: *Anais 1º Congresso luso-brasileiro de tecnologias de informação e comunicação na agropecuária*, Santarém-PT, 2004.

Capítulo 4

Certificações para os Alimentos Tradicionais

Ninguém pode fingir ignorar a lei, porque há um código
e porque a lei é coisa escrita: depois disto, pode infringi-la,
mas sabe os riscos que corre.

Jean-Paul Sartre
Situações II

4.1. Introdução

UMA DAS ESTRATÉGIAS de valorização dos produtos rurais diz respeito à referência de um conjunto de três atributos, como: uma área de produção, um território e um saber-fazer. Na literatura especializada, são observados aspectos de todos esses atributos, nas definições de algumas certificações, como identidade geográfica.

De forma geral, o objetivo dessas certificações é o de agregar valor ao produto rural, mais especificamente no que se refere à produção de alimentos tradicionais. Agregar valor ao produto rural por meio de uma certificação já é uma realidade para alguns países europeus como França, Espanha, Portugal, entre outros. Nessas localidades, esse tipo de certificação de identidade geográfica é beneficiado por uma legislação própria para a sua proteção.

Pela "Lei de Propriedade Industrial" brasileira, n. 9.279 de 14 de maio de 1996, os produtos com selos de identificação geográfica podem receber dois tipos de certificação, indicação de procedência ou denominação de origem. A indicação de procedência (IP) é um tipo de certificação mais simples, quando comparada com a denominação de origem. Esse selo indica exclusivamente o local onde o produto foi manufaturado, e para conquistá-lo, uma das atividades de maior importância é determinar que a maior parte da matéria-prima seja oriunda da região em questão. Já a denominação de origem é a versão mais completa das certificações, pois determina não apenas a região de origem de toda a matéria-prima empregada nos processos, como também atributos singulares da região que envolvem a qualidade tanto do produto quanto do processo. No Brasil ainda não existe nenhuma empresa rural que possua esse selo. Um exemplo externo seria o Vinho do Porto de Portugal.[1]

[1] Mariot (2002).

A certificação de IP já é uma realidade nacional para alguns alimentos tradicionais. No ano de 2007, as vinícolas da região de Bento Gonçalves, localizada no vale dos vinhedos, no estado do Rio Grande do Sul, receberam a certificação de indicação de procedência, assim como a cachaça de Paraty (RJ) e o café do cerrado mineiro. Entretanto, no Brasil, diferentemente do que ocorre na França e em Portugal, a certificação de denominação de origem (DO) é mais difícil de ser angariada, devido à dificuldade de demarcação do extenso território em que se encontra o produto.

Tanto a DO como a IP são modalidades de propriedade intelectual, como as patentes, os direitos autorais e as marcas registradas. Esse tipo de certificação é, geralmente, empregado em produtos de alta qualidade e prestígio, por causa da estreita relação qualitativa entre o produto e a sua região de origem. Essa certificação possui ainda um caráter único e de difícil imitação, decorrentes das condições ambientais (físicas e humanas) de determinada região.

Diante disso, o consumidor desse tipo de produto reconhece essa diferenciação e paga um diferencial no preço para consumi-lo, o qual deve cobrir os seus custos de produção e transação. Para os alimentos tradicionais, o tipo mais indicado de certificação seria a indicação de procedência, pois essa não descaracteriza a peculiaridade produtiva desse tipo de produto. Além desse tipo de certificação, há outras de igual importância a fim de agregar valor ao produto, como: ISO, EUREPGAP, entre outros.

Indicação de Procedência: Vinhos do Vale dos Vinhedos

Com aquisição da certificação, o próprio território valoriza-se e acaba virando um produto. Foi o que ocorreu com o Vale dos Vinhedos, no Rio Grande do Sul, a primeira indicação geográfica reconhecida no Brasil, em 2002. A divulgação da área delimitada também proporcionou um crescimento substancial no enoturismo – a atividade turística vinculada à produção de vinho. Atualmente, 32 vinícolas estão incluídas na área demarcada, na região de Bento Gonçalves. A matéria-prima precisa ser proveniente do Vale dos Vinhedos em, no mínimo, 85%, e a bebida deve ser produzida com uvas que constem entre as 12 variedades de tintas e de brancas permitidas.

Mariana Caetano, *Globo Rural*, agosto de 2007

4.2. Certificação de produtos agropecuários

A certificação é a definição de atributos de um produto, processo e serviço, garantindo que eles se enquadrem em normas predefinidas. A certificação envolve normas, da esfera privada ou pública, nacional ou internacional, e um órgão certificador com poder de monitorar e excluir os agentes certificados. Independentemente do tipo de certificação que as empresas perseguem, ela possui dois objetivos: oferecer procedimentos e padrões básicos que permitam às empresas participantes gerenciar o nível de qualidade de seus produtos; e garantir o conjunto de atributos que foram desenvolvidos durante o desenvolvimento de novos produtos.[2]

Um sistema de certificação garante que um produto esteja de acordo com as especificações predeterminadas durante os trabalhos de desenvolvimento dos produtos. Essas especificações possuem o objetivo de auxiliar a padronização dos produtos agropecuários. Entretanto, um produto certificado agropecuário pode não ser totalmente padronizado, como no caso da variável "peso" em produtos vegetais orgânicos, em que se podem ter produtos de diferentes ta-

[2] Nassar (2003).

manhos; essa variabilidade no produto não o inviabiliza para receber, por exemplo, uma certificação de IP.

A certificação de um produto é necessária quando:

- a padronização torna-se insuficiente para atender às necessidades das empresas e dos consumidores;
- a padronização passa a ser muito complexa, exigindo certificados que comprovem os padrões estabelecidos; e
- a padronização refere-se aos detalhes de um processo de produção.

A certificação é ainda baseada em dois princípios. O primeiro é que ela deve gerar benefícios aos consumidores pelo fato de reduzir a assimetria da informação sobre o produto consumido. O segundo é o de gerar incentivos à cooperação horizontal e vertical entre as empresas.

Nesse sentido, se para o consumidor comprar um produto certificado significa estar familiarizado com determinado padrão de qualidade, para a cadeia produtiva a certificação somente irá ocorrer caso haja cooperação e coordenação entre as empresas envolvidas. Assim sendo, a certificação é uma forma de cooperação, uma vez que não fere o poder de concorrência, não prejudicando os consumidores.

Uma das formas de se classificar os sistemas de certificação é por meio do seu objetivo. As atuais experiências permitem a seguinte subdivisão: rotulagem, denominações de origem, sanidade, pureza socioambiental, indicação de procedência, produtos orgânicos, certificação interna e "produtos da fazenda". Para esse estudo, será esmiuçada apenas a certificação referente à IP.

A certificação de denominação de origem é definida como "nome geográfico de um país, região ou localidade, que serve para designar um produto nele registrado, cujas qualidade e características devem-se exclusiva ou essencialmente ao ambiente geográfico, incluindo-se fatores humanos e naturais".[3]

Alguns estudos[4] demonstram que na França esse tipo de selo corresponde a 45% do mercado interno, que envolve 90 mil produtores rurais e 600 vinícolas. Já no mercado de queijos franceses, segundo o mesmo autor, apenas 15% são certificados, havendo 34 denominações de origem, em que 40 mil produtores estão envolvidos, sendo que metade deles são fabricados nas empresas rurais.

No Brasil, tanto as certificações de DO quanto as de IP são concedidas pelo Instituto Nacional da Propriedade Industrial (INPI). A certificação de DO também é uma forma de agregar valor e de dar credibilidade a um produto ou serviço, conferindo-lhes um diferencial de mercado em função das características de seu local de origem. A iniciativa no Brasil para a implantação desse tipo de certificação é pelo Caccer, "Café do Cerrado"; contudo, vários são os obstáculos para a sua aquisição, como uma vasta região para ser demarcada, dificultando o monitoramento e a garantia do padrão de qualidade que deve ser preestabelecido. Entretanto, o "Café do Cerrado" já possui a certificação de IP. Essa pode ser considerada um tipo de estratégia para ser empregada por outros tipos de empresas, isto é, primeiro é conseguida uma certificação menos exigente para depois adquirir uma mais complexa no que se refere a seus pré-requisitos.

O esforço dos produtores rurais e de algumas empresas de insumos em obter os certificados, como, por exemplo, o de IP, é para proteger os seus produtos e serviços.

[3] Wipo (1994).

[4] Sylvander (1995).

Na literatura especializada, é sugerida uma estratégia dividida em três etapas, com o objetivo de agregar valor à *commodity* agropecuária brasileira por meio da adoção de certificados de IP. A primeira etapa refere-se à realização de estudos de natureza geográfica em regiões com produtos diferenciados qualitativamente, delimitando as áreas de produção. A segunda etapa consiste em padronizar[5] os processos produtivos das empresas rurais que estão requerendo esse tipo de certificação e que se encontram nessa região delimitada. A terceira etapa seria a elaboração de um contrato ao qual os empresários rurais se submetem; contudo, esse acordo somente irá possuir validade se reconhecido, controlado e protegido pelos órgãos governamentais ou por organização privada competente.

4.3. Certificação dos alimentos tradicionais

Por vários fatores, a certificação mais indicada para os alimentos tradicionais seria a "indicação de procedência", já que essa certificação garante a maior variabilidade de produtos e processos em determinada região e propriedade rural.

Esse tipo de certificação pode ser aplicado a um conjunto de produtos (alimentos) com características bastante diferenciadas, porém eles têm de possuir em comum a mesma região geográfica de produção e o mesmo centro de distribuição. Quanto aos processos produtivos, não existe um padrão a ser seguido por todos os produtores rurais; eles devem apresentar apenas uma disciplina para com a marca, não existindo um limite de produção.

[5] A palavra padronização é nesse ponto empregada não no sentido de "pasteurizar" (produção em massa e sem identidade), mas sim de ter de apresentar uma receita a ser seguida.

Outro tipo de certificação que o alimento tradicional pode obter é denominado "produtos da fazenda", sendo essa uma modalidade francesa de certificado interno, não possuindo uma regulamentação, nem uma organização que a monitore. Para esse tipo de certificação, a relação entre consumidores e produtores rurais é baseada em confiança. A literatura especializada não confere crédito de certificação a essa denominação pelo fato de não possuir regras e agências certificadoras. O análogo da certificação dos "produtos da fazenda" no Brasil seriam os "produtos coloniais" comercializados predominantemente nas regiões sul e sudeste.

Por fim, as certificações de IP ou os "produtos da fazenda" tendem a agregar valor aos alimentos tradicionais, proporcionando um maior valor de revenda. Esse lucro pode ser empregado para cobrir gastos, como a obtenção dessas certificações e, posteriormente, a sua divulgação para o mercado consumidor. O alimento tradicional, obtendo essas certificações, passa a desfrutar de uma reputação pela qual os seus consumidores se dispõem a pagar um diferencial de preço, já que se trata de um produto de qualidade singular.

4.4. Benefícios dos produtos certificados

A certificação de IP apresenta quatro conjuntos de benefícios para as propriedades rurais referentes à proteção legal do produto, ao progresso econômico, ao desenvolvimento rural, à promoção e às facilidades de exportação.

O primeiro tipo de benefício diz respeito à *proteção legal do patrimônio nacional*, definido pelo relato de regiões, manejos (criação e cultivo), processo, variedade e imagem dos alimentos tradicionais; diz respeito à certeza que o consumidor possui de estar adquirindo determinado alimento tradicional. A certificação de IP não possibilita que outros produtores rurais, não incluídos na área geográfica delimitada pelo selo, empreguem a sua indicação geográfica, evitando assim que ocorram falsificações. Esse foi o principal argumento citado pelos produtores de cachaça da cidade de Paraty (RJ) para obter o certificado de IP.

Independentemente do tipo de certificação, geralmente ocorre o *desenvolvimento do ambiente rural*, não ocorrendo o êxodo rural para os grandes centros e gerando um maior número de empregos no campo. A certificação de IP ainda beneficia o turismo rural da região, contribuindo para elevar a auto-estima do produtor rural. Essa certificação preserva as particularidades e personalidades, respectivamente, dos alimentos tradicionais e agricultores, constituindo o patrimônio de cada localidade.

Todas essas contribuições originadas pelas certificações estimulam o *progresso econômico* das propriedades rurais por meio do aumento do valor agregado de seus produtos e, conseqüentemente, de um acréscimo no preço das propriedades rurais, estimulando os investimentos na região. Diante disso, outros setores da economia também são beneficiados por meio dessa geração maior de renda.

Indicação de Procedência: Café do Cerrado Mineiro

Detentor da certificação desde 2004, o Conselho das Associações dos Cafeicultores do Cerrado – CACCER – coordena 55 municípios e 155 mil hectares, que é a área total demarcada. Conforme anuncia o presidente da associação, as vendas ganharam fôlego após o selo. Com essa certificação, os agricultores conseguem descolar sua produção do conceito de *commodities*, aumentando a renda de sua produção, faturando de 20 a 30 reais a mais pela saca.

Mariana Caetano, *Globo Rural*, agosto de 2007

Alguns produtores mais estruturados podem utilizar as certificações para *alavancar suas exportações*, pois ela garante a notoriedade, a originalidade e a qualidade dos produtos tradicionais, afirmando a imagem de autenticidade do produto. Esse fato promove a sua presença em vários mercados, levando a um reconhecimento internacional.

4.5. Custos das certificações

De forma geral, os custos que ocorrem durante os processos de certificações podem ser subdivididos em dois grandes grupos, sendo os custos diretos e indiretos.[6]

Os custos do primeiro grupo (os diretos) correspondem às somatórias das despesas provenientes dos ambientes interno e externo da propriedade rural.

Dentre os custos diretos externos, devem ser levadas em conta as despesas iniciais de monitoramento e manutenção do processo de certificação, como a realização de estudos com o mercado consumidor, a definição dos objetivos da empresa, as pré-auditorias, a auditoria principal, as auditorias de manutenção e as ações corretivas. Os principais custos diretos internos dizem respeito a treinar e capacitar os funcionários; implementar auditorias internas; e executar reuniões para se adequar às exigências trabalhistas.

Quanto aos custos indiretos, devem ser observados os critérios de gestão, como, por exemplo, planejamento do negócio do ponto de vista operacional, avaliação dos recursos de produção, documentação (registros), rastreabilidade, controle do processo e produto, reajustes (retrabalho) e mapeamento. Alguns custos são relativos à

[6] Pereira *et al.* (2007).

conformidade com critérios de desempenho, como ajustes durante o processo produtivo, logística (construção de estradas), restauração de áreas protegidas, conservação do solo, da água e biodiversidade, bem como as conformidades legais.

Entretanto, o custo da certificação depende muito dos objetivos escolhidos e do nível gerencial e técnico que se encontra na propriedade. Geralmente, independentemente do tipo de produto e processo, os principais custos são os diretos, isto é, consultorias, auditorias, capacitação e treinamento dos funcionários, e mudanças gerenciais aos critérios exigidos pelas certificações.

4.6. Outros tipos de certificações para os alimentos tradicionais

Os produtos tradicionais podem receber ainda outros tipos de certificações que os mercados externos e internos podem solicitar. Entre elas se destacam:

- ***ISO 9000***

É considerada um conjunto de normas que formam um modelo de gestão da qualidade e que podem ser empregadas pelas propriedades rurais. As propriedades podem certificar (é uma norma voluntária) os seus sistemas de gestão por meio de empresas de certificação (por exemplo: Fundação Carlos Alberto Vanzolini, *Bureau Veritas Quality International*, entre outras). Essa ISO, em seu bojo, não fixa metas a serem atingidas pelas propriedades que desejam ser certificadas. A própria organização é que constitui as metas que deverão ser atingidas. A sigla ISO significa *International Organization for Standardization*, isto é, Organização Internacional de Normalização, sendo ela uma organização não governamental, estando presente atualmente em 120 países. A principal função dessa organização é a de promover a normatização, tanto de produtos como de serviços; para isso são empregadas algumas normas, cujo principal objetivo é que sempre esse produto e/ou serviço sejam melhorados. O órgão que representa a ISO no Brasil é a ABNT (Associação Brasileira de Normas Técnicas).

Local Convencional versus Orgânicos Importados

Uma das novas tendências detectadas no consumidor de alimentos diz respeito ao movimento *Eat Local* (consuma o que é local). Os defensores desse movimento relatam que o alimento orgânico pode não ser tão inofensivo assim para o meio ambiente. Não por causa dos seus processos produtivos, que são ecologicamente corretos, mas sim por causa do que ocorre depois da porteira da propriedade rural, isto é, a quantidade de petróleo gasto para a distribuição. A questão levantada pelos defensores do *Eat Local* seria: o que é mais correto, consumir um orgânico com petróleo embutido ou comprar alimentos comuns cultivados na vizinhança? A distância máxima que os alimentos deveriam viajar, segundo os defensores do *Eat Local,* seria de 400 quilômetros.

Larrissa Morais, *Dinheiro Rural*, 5 de abril de 2007

A propriedade rural deve seguir algumas etapas e atender a alguns requisitos da ISO 9001 para que possa receber essa certificação, como, por exemplo, a padronização de todos os principais processos do negócio, que podem afetar tanto o produto como o cliente;

monitorar e medir os processos, assegurando a qualidade do produto e serviço, por meio de indicadores de desempenho; garantir a rastreabilidade do processo; implementar métodos de inspeção de qualidade e os meios apropriados, visando ações corretivas quando necessário; e revisar sistematicamente os processos e o sistema da qualidade para garantir sua eficácia.

• ***ISO 22000***

Possui o objetivo de garantir que os alimentos estejam seguros para o consumo final, por meio da aplicação de suas normas em todos os agentes de uma cadeia produtiva de alimentos. Essa certificação apresenta-se como oportunidade para a construção de uma padronização internacional referente à segurança do alimento. Essa ISO ainda é considerada um método para facilitar a implementação e certificação de sistemas de garantia do alimento, como APPCC (Análise de Perigos e Pontos Críticos de Controle) e rastreabilidade, e algumas ferramentas, como BPF (Boas Práticas de Fabricação), Boas Práticas de Higiene, Controle de Pragas, Boas Práticas Agrícolas, entre outras. Os requisitos dessa norma propiciam à propriedade rural planejar, implementar, operar, manter e atualizar o sistema de gestão da segurança de alimentos.

• ***ISO 14000***

Estabelece as diretrizes básicas para o desenvolvimento de um sistema que administre os aspectos ambientais dentro da propriedade rural, isto é, um sistema de gestão ambiental. O escopo dessa norma apresenta como objetivos gerais determinar a criação, a manutenção e a melhoria do sistema de gestão da propriedade rural e constatar se a propriedade encontra-se em conformidade com a própria política ambiental e demais determinações legais. A propriedade deve apresentar a sua política ambiental para a sociedade.

• *ISO 28000*

Corresponde a um sistema que gerencia a segurança do produto em toda cadeia de suprimentos. Tenta contornar os perigos durante o transporte dos produtos, podendo estar presentes em todos os estágios de uma cadeia produtiva. A segurança dos produtos é uma responsabilidade comum de todos os agentes, requerendo esforços combinados. Os empregos de sistemas de rastreabilidade tornam-se importantes para a segurança do produto, em toda a cadeia. Essa certificação é estendida a todos os agentes de uma cadeia produtiva, desde empresas de insumos até o varejo.

• *SA 8000*

É uma norma específica que envolve a responsabilidade social e as relações trabalhistas em uma propriedade rural. A propriedade deverá atender a leis nacionais e acordos internacionais relacionados a esse tema. Os requisitos de responsabilidade social que são levados em conta durante o processo de certificação envolvem os seguintes aspectos da propriedade rural: trabalho infantil; trabalho forçado; saúde e segurança; liberdade de associação e direito à negociação coletiva; discriminação; práticas disciplinares; horário de trabalho; remuneração e sistemas de gestão. Essa norma ainda define alguns aspectos voltados à produção em propriedades preocupadas com a responsabilidade social, como, por exemplo, empresa, fornecedor, subcontratado, ações de reparador corretivas, parte interessada, criança, trabalhador jovem, trabalho infantil, trabalho forçado e reparação de crianças.

• *EUREPGAP*

O protocolo EUREPGAP é um conjunto de normas técnicas compromissadas com as boas práticas agrícolas, sendo que os agricultores se comprometem a segui-las. Por meio da diferenciação dos produtos agrícolas, os produtores rurais são beneficiados por um maior valor de revenda, agregando valor a sua produção.

O agricultor que optar por esse programa deve estar comprometido com algumas das seguintes preocupações: o impacto ambiental de sua produção agrícola, adotando técnicas de proteção e produção integrada, como, por exemplo, técnicas de higiene e segurança no trabalho, que deverão assegurar, em longo prazo, a sustentabilidade da produção rural. Os produtores rurais, para que recebam essa certificação, têm de demonstrar o seu compromisso com a manutenção da confiança do consumidor na qualidade e segurança dos alimentos, a fim de manter a confiança do consumidor; minimizar o impacto negativo no meio ambiente, preocupando-se com o meio ambiente e os recursos naturais; reduzir o emprego de agroquímicos; possuir uma preocupação constante com o emprego dos recursos naturais de suas propriedades e, por fim, adotar uma postura responsável para com a saúde e a segurança dos seus empregados.

• ***Fair Trade*** **(Comércio Justo)**

O Comércio Justo é composto por parcerias comerciais baseadas no diálogo, na transparência e no respeito, buscando um maior equilíbrio no comércio externo. Essa é a definição de *Fair Trade* que a IFAT (International Federation of Alternative Trade) emprega em seus trabalhos desde 2001. Esse tipo de comércio durante o período de 1997 a 2003 cresceu mais de 20% ao ano, atingindo no ano de 2003 um movimento global em torno de 500 milhões de dólares, em 18 países. Por volta de 800 mil famílias de países como a África, América Latina e Ásia foram beneficiadas por essa certificação, sendo que o total do pagamento extra *(Premium)* somou por volta de 38,8 milhões de dólares.[7]

[7] SEBRAE (2007).

Essa certificação contribui para o desenvolvimento sustentável de uma propriedade rural, porque o diferencial de preço pago pelo produto no momento da venda está atrelado a uma série de pré-requisitos, relacionados à responsabilidade social. Essa iniciativa possui como principal objetivo o de estabelecer um contato direto entre o produtor rural e o comprador, tirando-os da dependência tanto de atravessadores como de instabilidades do mercado de *commodities*. A reciprocidade comercial entre comprador e agricultor deve obedecer a alguns princípios como:

- co-responsabilidade e transparência na gestão da cadeia dos alimentos tradicionais;
- estabelecimento de uma relação de longo prazo, devendo oferecer treinamento e apoio aos agricultores, bem como acesso às informações do mercado consumidor;
- pagamento de preço justo no recebimento do produto de um bônus *(premium)*, que deve beneficiar toda a comunidade, além de financiamento, quando necessário;
- organização democrática, por exemplo, em cooperativas e associações;
- obediência à legislação e normas nacionais e internacionais, como as crianças estarem freqüentando escola; e
- respeito ao meio ambiente.

- ***Boas Práticas Agrícolas* (BPA)**

As boas práticas agrícolas foram confeccionadas para o ambiente rural, sendo reconhecidas mundialmente.[8] Possuem o objetivo de reduzir os riscos associados ao emprego de agroquími-

8 Sousa e Amato Neto (2006).

cos, devendo levar em consideração a saúde de todas as pessoas envolvidas desde o cultivo até o processamento, assim como os consumidores. Essas práticas foram criadas em resposta à demanda dos consumidores por alimentos originários de um sistema produtivo sustentável, fornecendo alimentos saudáveis para o consumo.

De forma geral, as BPA dizem respeito às atividades de controle das variáveis que compõem os processos produtivos, como:

– Solo

Uso do solo de forma sustentável, que deve ser viabilizado através de técnicas culturais como rotação de culturas, programas de controle de erosão, emprego de equipamentos mecânicos de forma racional e econômica.

– Água

Administração correta dos insumos hídricos da propriedade rural, que deve adotar tecnologias de irrigação que minimizem desperdícios.

– Cultivos

Escolha dos cultivos anuais e temporários, bem como as variedades empregadas, de modo a garantir as necessidades do mercado consumidor, a fertilidade e a preservação do solo.

– Armazenagem dos produtos

As condições de armazenagem dos produtos é um dos estágios mais críticos para a preservação dos seus padrões de qualidade. O agricultor deve ficar atento aos prazos de quarentena dos agroquímicos empregados durante o cultivo, atendendo às normas que consideram os intervalos para o consumo depois da colheita da matéria-prima.

– *Gerenciamento energético*

A propriedade rural deve administrar de maneira eficiente o seu consumo de energia, caminhando sempre para uma produção sustentável e para o seu uso seguro. Dessa forma, é fundamental que haja o planejamento e o estabelecimento de rotinas técnicas que evitem o desperdício.

– *Qualidade de vida no trabalho*

As propriedades rurais devem ser economicamente viáveis para serem sustentáveis, e o bem-estar de proprietários rurais, trabalhadores e suas comunidades depende disso. A principal finalidade deve ser alcançar o equilíbrio entre os requisitos sociais, econômicos e ambientais.

– *Conservação da fauna local*

Refere-se ao emprego de técnicas agrícolas que promovam a manutenção das espécies nativas.

As boas práticas agrícolas ainda possuem normas específicas para o bem-estar dos animais de criação, que se deve levar em conta:

– *Espaço*

É fundamental planejar uma área adequada para a manutenção do bem-estar dos animais, provendo alimentação e água de qualidade, a fim de garantir uma produção sustentável.

– *Manejo*

Consiste na correta administração dos efeitos negativos (estresse) gerados pelo processo de criação; para que isso não ocorra, os funcionários devem ser treinados em técnicas de "manejo humanitário".

– *Medidas proativas*

Essa prática consiste no tratamento preventivo dos animais por meio do emprego de vacinas e controle regular das variáveis do processo, evitando a contaminação biológica, química e física da pastagem, água e atmosfera.

Boas Práticas na Ordenha Manual

Embrapa e Sebrae difundem cartilha para atender instrução normativa acerca da melhoria da produção leiteira. A qualidade do leite não depende apenas do viço do pasto e da saúde do gado, mas também do modo como é feita a ordenha. Para garantir a melhoria da produção, a Embrapa Gado de Leite, de Minas Gerais, lançou um kit e uma cartilha de boas práticas. É o kit Embrapa Ordenha Manual. A unidade de Agronegócios do Serviço Brasileiro de Apoio às Micro e Pequenas Empresas (Sebrae) vai contribuir com a disseminação dessas orientações junto aos produtores de menor porte. A utilização desse kit é para a melhoria do produto, que auxilia na redução de bactérias, além do cumprimento da Instrução Normativa 51, do Ministério da Agricultura, para a melhoria da qualidade leiteira.

Globo Rural, setembro de 2007

SELO DO BEM-ESTAR ANIMAL
(Certified Humane – Raised & Handled)

Essa é uma certificação criada nos EUA pela organização independente intitulada *Humane Farm Animal Care* (HFAC), que possui como princípio o bem-estar dos animais criados nas propriedades rurais. O objetivo dessa certificação é o emprego na propriedade rural do "manejo humanitário" dos animais de produção.[9]

Esse programa de certificação propõe para os agricultores e agroindústria normas para o tratamento dos animais criados para o consumo humano. Essas normas, entre outros critérios, proíbem que porcas sejam mantidas prenhes em gaiolas, bem como galinhas de postura, e que vacas de leite vivam amarradas. É proibido o emprego de hormônios de crescimento, e fazer com que os animais doentes caminhem em busca de água e comida. As normas ainda salientam aos produtores rurais e seus funcionários que sejam capacitados, a fim de possuir habilidade e competências no manejo com os animais. As propriedades rurais, para que obtenham essa certificação, terão de requerer que os animais criados em confinamento tenham acesso à água limpa e alimentação em quantidades suficientes. Os ambientes nos quais os animais são criados não devem ser perigosos à sua saúde, sendo protegidos contra as intempéries; deve haver ainda espaço suficiente para que o animal se mova naturalmente.

Para a HFAC, esse selo é um programa de inspeção, certificação e etiquetamento de produtos de origem animal, como, por exemplo, ovos, leite, carne e seus derivados.

[9] Barbosa Filho (2004).

Indicação de Procedência: Cachaça de Paraty

A mais recente certificação de origem concedida no Brasil é para as bebidas tradicionais de Paraty, sendo o sabor forte e marcante, com aroma de cana-de-açúcar. A cidade produz cerca de 300 mil litros por ano. Ainda no Brasil colônia, a aguardente produzida em Paraty já encantava e começava a fazer de Paraty um grande pólo produtor do país na época. Com o passar dos anos, a bebida acabou tornando Paraty sinônimo de produção de excelente cachaça.

A reputação atravessou gerações e fez a atividade na região resistir ao tempo. Com 300 anos de tradição, o primor da alambicagem ganhou, em maio de 2007, uma certificação de renome internacional: a indicação de procedência. É o primeiro passo para que a cachaça trilhe o caminho que vincula o produto e a sua qualidade ao local em que foram produzidos, assim como ocorre com os vinhos de Bordeaux, na França.

Esse selo é um respaldo legal para os produtores que sofrem com as falsificações freqüentes, cujos falsificadores atribuem a Paraty a aguardente produzida em outros locais. Contudo, para obter a certificação, os produtores da região tiveram de fazer adaptações. No passado, o processo de fermentação era feito em barris de madeira. Agora, deve ser feita em equipamentos de aço inox, por questões de higiene; já o alambique precisa ser de cobre. A mudança nos barris e alambiques pode modificar o gosto da cachaça.

Essas mudanças também afetaram o plantio da cana. Há alguns anos, os produtores de cachaça tiveram dificuldades em encontrar a matéria-prima, pois os agricultores abandonaram a sua cultura, devido à baixa produtividade dos plantios. Entretanto, com a criação de um Programa de Melhoria da Cana de Paraty, comandado pelo Sebrae, a competitividade da cultura de cana voltou ao foco dos agricultores, pois uma das exigências do selo de certificação de indicação de procedência é que o município atinja a auto-suficiência na produção de matéria-prima em até três anos.

Mariana Caetano, *Globo Rural*, agosto de 2007

4.7. Conclusão

Quantos tipos de certificação devem possuir os alimentos tradicionais e seus processos produtivos? A resposta para essa pergunta é "depende", prioritariamente das necessidades do mercado consumidor, isto é, do que ele espera desse tipo de produto. Quais os atributos que esse tipo de produto apresenta que devem ser documentados e, posteriormente, ofertados para a empresa certificadora durante os processos de auditoria? Pois esse processo, seja para qualquer tipo de certificação, apresenta um aumento dos custos de produção.

Por fim, os processos de certificação não podem ser empregados como uma forma de "pasteurizar" os alimentos tradicionais (produtos) e a forma na qual eles são feitos (processos). Caso isso ocorra, corre-se o risco de descaracterizá-los, perdendo o que eles possuem de mais importante, que é a sua história.

O ponto de equilíbrio entre a tradição e a modernidade nos processos produtivos é algo que requer mais estudos, tanto dos pesquisadores técnicos como gestores.

Entretanto, é imprescindível que o alimento, sendo ele tradicional ou não, seja seguro para o consumo, não apresentando riscos à saúde humana. Para tanto, deve-se buscar o emprego de ferramentas de gestão que garantam a qualidade do alimento em toda a cadeia produtiva, não apenas na propriedade rural.

Referências bibliográficas

Barbosa Filho, J. A. D. "O selo de bem-estar", in *Aveword.* São Paulo, v. 9, 2004, p. 40-41.

Chaddad, F. R. *Denominação de origem controlada: uma alternativa de adição de valor no agribusiness.* Dissertação (Mestrado em Economia) – Faculdade de Economia, Administração e Contabildiade, Universidade de São Paulo, São Paulo, 1996, p. 106.

Nassar, A. M. "Certificação no Agribusiness", in: *Gestão da Qualidade nos Agronegócios.* Zylbersztajn, D.; Ecare, R. E. (Org). São Paulo: Atlas, 2003, p. 30.

Pereira, P. S.; Bliska, F. M. M.; Giomo, G. S.; Cardoso, C. H. S. *Custos dos processos de certificação em andamento no Brasil.* Disponível em: http://www.cafepoint.com.br/?noticiaID=38949&actA=7&areaID=32&secaoID=88. Acessado em: 05/09/2007.

Sebrae. *Comércio justo.* Disponível em: http://www.sebrae.com.br/br/download/comerciojusto_sumarioexecutivo.pdf. Acessado em: 20/09/2007.

Souza, R. C.; Amato Neto, J. "Exportações brasileiras de frutas certificadas: oportunidades de negócios para o empresário rural", in: Zuin, L. F. S.; Queiros, T. R. (Org.). *Agronegócios: gestão e inovação.* 1ª ed. São Paulo: Saraiva, v. 1, 2006.

Sylvander, B. "Os produtos de qualidade específicos: uma oportunidade para as zonas rurais", in: *A valorização dos recursos agrícolas locais: experiência de LEADER I.* Cadernos LEADER, 1995.

Segunda Parte

ASPECTOS TEÓRICO-METODOLÓGICOS PARA A CAPACITAÇÃO

Capítulo 5

Histórico da Extensão Rural no Brasil

Quanto mais somos capazes de desvelar a razão de ser
de por que somos como estamos sendo,
tanto mais nos é possível alcançar também a razão de ser
da realidade em que estamos, superando assim
a compreensão ingênua que dela possamos ter.

Paulo Freire
Ação Cultural para a Liberdade
(2007, p. 103)

5.1. Introdução

As décadas de 1960 e 1970 são conhecidas como um período de intensa modernização da agricultura brasileira, ocorrida após a reforma do crédito rural de 1964. Um dos objetivos deste era o de difundir as inovações tecnológicas no campo, por meio do processo de extensão rural. Diante disso, nesse período, houve um movimento político para fornecer à população do campo condições para que pudesse adquirir equipamentos e insumos industrializados, necessários à modernização de sua atividade.

Nesse cenário surgiu a Empresa Brasileira de Assistência Técnica e Extensão Rural (EMBRATER), a fim de colocar essa política em prática. Rapidamente, a expansão desse órgão de extensão ocorreu em todo o território nacional, atingindo 77,7% dos municípios, na década de 1980.

Todavia, os extensionistas, nessa época, atuavam apenas com os agricultores que possuíam o crédito agrícola, deixando os pequenos produtores rurais à margem desse serviço, seja pelo fato de não terem acesso ao crédito ou de não quererem recorrer a ele, o que os levou a viver em uma situação de precariedade.

O modelo de extensão rural proposto nessas décadas possuía um viés tecnicista que embasava os trabalhos dos extensionistas. Como estratégia de desenvolvimento, a capacitação considerava apenas os aspectos técnicos da produção, sem observar as perspectivas culturais, sociais e ambientais dos produtores.

A extensão rural visava ainda divulgar, impondo ou estendendo, determinados conceitos às pessoas atendidas, ignorando, por sua vez, os processos de experiência, vivência, conhecimento, e aspirações dessas pessoas, fato que descaracterizava a condição de sujeito das pessoas envolvidas.

Na década de 80, devido, sobretudo, às mudanças políticas com a queda do período militar e, com elas, o fim do crédito agrícola subsidiado, deu-se início a uma nova proposta de extensão pautada nos pressupostos teóricos de Paulo Freire.[1]

A teoria do autor, conhecida como "Pedagogia para a libertação", ganhou destaque nesse meio, por questionar as ações dos órgãos de extensão e do próprio extensionista, apresentando um outro conceito para a atividade realizada pelo *agrônomo-educador*.

Em seus estudos, Paulo Freire, ao discutir o conceito do extensionista, bem como sua ação, rechaça essa prática como educação para a libertação. Pois para o autor o termo extensão remete ao ato de estender algo a alguém, o que vai de encontro a uma educação que vê o aprendiz como sujeito e partícipe do processo, daí então a necessidade de se rever essa prática.

Ainda que se tenha passado mais de 20 anos desde as palavras de Paulo Freire, pesquisas científicas apontam que uma prática de extensão diferenciada do modelo tecnicista pouco tem ocorrido, seja pelo fato de deturparem a teoria proposta pelo autor, seja pela fraqueza em quebrar o paradigma tecnicista.

5.2. Processo da extensão rural no Brasil

A extensão rural no Brasil organizou-se ao final da década de 1940 com a criação da Assistência de Crédito e Extensão Rural (ACAR), que tinha como base o modelo americano.

[1] Freire (2006).

Após sua criação, ocorreu uma expansão desse tipo de serviço em todo o território nacional. Esse crescimento teve como pólo orientador a ACAR (MG), que possuindo assessoria americana formou os primeiros extensionistas-educadores. A estes era dada a tarefa de orientar e ministrar cursos sobre extensão rural para os novos extensionistas que eram contratados.

A partir da década de 1950, a Associação Brasileira de Crédito Agrícola (ABCAR) elaborou uma política de treinamento permanente. Após a fixação dessa política e o crescimento das filiadas à ABCAR, passaram a ser criados outros centros de treinamento, como: CETREINO (Nordeste), CETREISUL (RS), CEE (Viçosa, MG), CETRE (Florianópolis, SC), entre outros.

A capacitação dos extensionistas consistia em ensinar os métodos e as estratégias que deveriam ser utilizados para fazer com que os agricultores e suas famílias passassem a adotar inovações tecnológicas na agricultura. Utilizou-se para isso a reprodução de uma série de conceitos, como liderança, crédito rural etc.

A partir desses esforços, a ABCAR passou a garantir a reprodução ideológica de seus princípios, como podemos observar:

> O treinamento tem sido um dos fatores fundamentais para o desenvolvimento da Extensão Rural no Brasil, não somente pela uniformização dos seus princípios doutrinários, mas também pela oportunidade que tem dado a diversas pessoas de desenvolver suas potencialidades, capacitando-as à realização de um trabalho de educação extra-escolar (ABCAR, 1958, p. 5).

O modelo difusionista utilizado para persuadir a população rural pode ser identificado no "Manual do Extensionista" da EMATER (RS), onde aparece o ideário de Everett Rogers acerca da comunicação, vejamos:

> É por isso que Rogers define estratégias de comunicações como um plano para mudar o comportamento humano em ampla escala através da transferência de novas idéias (EMATER, RS, *Manual*, cap. 19, p. 2).

A constatação dessas fundamentações da extensão rural fez com que surgissem críticas a esse modelo de extensão, como as críticas de Paulo Freire.

Segundo Freire,[2] o agrônomo trabalha para a transferência de tecnologia, sem levar em conta o saber de seu público. É esta prática extensionista-difusionista proposta por Rogers e seguida pela extensão rural no Brasil que leva Freire a concluir que:

> (...) parece claro o equívoco ao qual nos pode conduzir o conceito de extensão: o de estender um conhecimento técnico até os camponeses, em lugar de (plena comunicação eficiente) fazer do fato concreto ao qual se refira o conhecimento (expresso por signos lingüísticos) objeto de compreensão mútua dos camponeses e dos agrônomos (Freire, 2006, p. 70).

Diante dessa constatação, Freire[3] identifica essa prática como uma espécie de "adestramento" técnico dos agricultores e suas famílias.

Ainda que Freire criticasse a forma das ações de extensão, o difusionismo prevaleceu como orientação da prática extensionista.

5.3. Práticas educativas na extensão rural

Estando as práticas extensionistas alicerçadas no modelo americano difusionista, assim como observamos, a relação ensino-apren-

[2] Freire (2006).

[3] Ibid.

dizagem objetiva fazer com que a população rural compreenda a necessidade do progresso.

Partindo do pressuposto de que o desenvolvimento é um tipo de mudança social, a modernização das atividades agrícolas era essencial para atingi-lo. Nesse sentido, era essencial educar o povo rural a fim de torná-lo predisposto às mudanças.

Apesar dos esforços da EMBRATER para adequar as críticas feitas às práticas educativas dos extensionistas, ela mantinha-se firme em sua base teórica difusionista, uma vez que o tipo de profissional requerido por ela deveria estar preparado para a transferência de tecnologia agropecuária por meio de processos educativos. Processos esses que estão voltados para a mudança da mentalidade do povo rural, a fim de que modernizasse as suas atividades.

As práticas educativas, nessa perspectiva, passam a ser instrumentos pelos quais o técnico desperta no povo rural a necessidade de mudança, para mais tarde propor o caminho a ser seguido; indicando assim as tecnologias agropecuárias e gerenciais que devem ser utilizadas para suprir as necessidades criadas.

Nesse sentido, a educação ocorre mediante uma comunicação dirigida, unilateral, autoritária, numa relação de sujeito/objeto, sem que haja a *problematização* das tecnologias que estão sendo introduzidas.

Dessa forma, a atuação do extensionista, no que diz respeito ao processo educativo, foi e continua sendo muito questionada em diferentes momentos históricos.

No final da década de 1970, com o ressurgimento dos movimentos sociais no campo e nas cidades, foi necessário que a extensão rural assumisse um discurso em que deveria incluir a participação do público em suas atividades. O mesmo ocorreu na década de 80, cuja nova bandeira do extensionismo era o Planejamento Participativo.

Todavia, ainda que a EMBRATER tivesse incorporado a idéia do Planejamento Participativo, disseminando-a para suas filiadas, cuja proposição é a utilização *"da pedagogia de libertação, desenvolvida por Paulo Freire"* (EMATER, RS, 1982, p. 3), suas práticas educativas continuaram a ser exercidas com os mesmos propósitos difusionistas, sem desenvolver mecanismos capazes de efetivamente transformá-la em uma prática democrática.

A primeira atitude concreta no sentido de mudanças das práticas educativas ocorreu depois de 1985, quando o presidente da EMBRATER sinalizou para uma nova orientação, exigindo que o extensionista fosse capaz de interpretar a realidade socioeconômica e cultural de forma conjunta com os agricultores, suas famílias e organizações.

Para a EMBRATER, porém, mudar a forma de atuação dos extensionistas, seria necessário modificar a sua política de capacitação reafirmando o caráter educativo da extensão rural.

Dessa maneira, a EMBRATER orientou os capacitadores para uma nova concepção de educação baseada no processo dialógico e participativo, assim como propunha Freire, passando a trabalhar internamente no sentido de transformar seus propósitos de mudanças em fatos concretos.

5.4. Assistência técnica e extensão rural - a política nacional de ATER e um novo paradigma metodológico

Em seus estudos, Carvalho[4] ressalta que o desenvolvimento agropecuário sempre se assentou no modelo evolucionista técnico mecanicista e produtivista, baseado na intensificação agrícola e nos aumentos de produções, sem qualquer respeito pelas diversidades e vantagens específicas dos produtos tradicionais.

[4] Carvalho (1984).

Contudo, pelo fato de haver na atualidade a necessidade de um desenvolvimento sustentável no país, seja por conta dos ambientes institucionais, seja pelas necessidades dos consumidores, que buscam cada vez mais os produtos regionais, há uma maior pressão para que os serviços públicos da Assistência Técnica e Extensão Rural – ATER – modifiquem as suas práticas.

Nesse sentido, foi elaborada em 2004 uma Política Nacional de Ater (PNATER). Essa política foi construída de forma democrática e participativa com a intenção de contribuir para a implantação de estratégias de desenvolvimento rural sustentável, estimulando a geração de renda e de novos postos de trabalho.

Dessa forma, a Política enfatiza a busca da inclusão social da população rural brasileira mais pobre, sendo essa o elemento central de todas as suas ações, destacando o respeito à pluralidade e às diversidades sociais, econômicas, étnicas, culturais e ambientais do país.

Na PNATER, a ATER é considerada como um processo educativo e de fortalecimento da produção, cabendo ao Estado garantir a oferta gratuita de serviços de qualidade para aqueles que necessitam desse apoio.

Nesse sentido, a Política Nacional da Ater estabelece as bases para uma nova Extensão Rural e para um novo enfoque de Assistência Técnica. De caráter educativo, salienta a necessidade de se adotar metodologias participativas, orientando-se pelos princípios da Agroecologia.

A agroecologia visa a implementação de estratégias de desenvolvimento ambientalmente sustentável, economicamente viável, socioculturalmente aceitável, e que respeitem as diversidades existentes no país, a fim de que se consiga a universalização do conhecimento no campo, o resgate da cidadania, a inclusão social e a melhoria da qualidade de vida da população, com estímulo à produção de alimentos sadios e de melhor qualidade.

Sob esse enfoque, verificamos algumas tentativas para mudar as práticas educativas exercidas pelos extensionistas.

Ainda que a Política Nacional de Assistência Técnica e Extensão Rural estabeleça à nova ATER (Assistência Técnica e Extensão Rural) um caráter educativo com ênfase na pedagogia da prática, adotando metodologias participativas e uma pedagogia construtivista e humanista, tendo como ponto de partida a realidade e o conhecimento local, essas mudanças ainda se encontram como práticas isoladas e são, na maioria das vezes, oriundas de pesquisas científicas. Sobre a capacitação, a PNATER descreve:

> O processo de capacitação para a transição deverá ter um conteúdo capaz de formar os profissionais para atuarem como agentes de desenvolvimento local, com condições de investigar, identificar e disponibilizar aos agricultores, aos demais públicos da extensão e ao conjunto das pessoas que vivem no meio rural um conjunto de opções técnicas e não técnicas, compatíveis com as necessidades dos beneficiários e com o espaço territorial onde estejam inseridos (PNATER, 2004, p. 21).

Para que seja concretizada a sua proposta, a PNATER estabelece que o Dater tem como premissa promover um amplo processo de *"formação de formadores"*.

Contudo, ainda que na PNATER constem novas diretrizes para as práticas educativas, a dificuldade em se romper com o paradigma tecnicista consistiria na própria finalidade da extensão na sociedade capitalista, ou seja, estender conhecimentos para incorporar os aprendizes na sociedade mercadológica das empresas de insumos e materiais tecnológicos.

5.5. Comunicação rural – uma nova perspectiva?

No âmbito da assistência técnica e extensão rural no Brasil, a comunicação nem sempre está associada ao pensamento de Paulo

Freire. Ao contrário, esse conceito refere-se a dois paradigmas distintos: o *difusionismo* e a *concepção dialógica*.

O *difusionismo* na extensão rural brasileira é uma adoção do que foi pensado pelos americanos David K. Berlo e Everett Rogers, no final da década de 1950, com a intenção de difundir inovações tecnológicas para os agricultores, objetivando promover o aumento da produção e a modernização do campo, como já evidenciado anteriormente.

A comunicação nessa perspectiva pode ser caracterizada por três componentes essenciais: *fonte ou emissor, mensagem, e destinatário ou receptor*. Essa concepção está fundamentada numa visão distorcida do homem, do mundo e das relações homem/mundo.

Essa concepção é baseada na persuasão, com a intenção de levar outras pessoas a adotar o ponto de vista de quem fala, objetivando mudar a conduta do indivíduo. Nessa perspectiva, não se levam em conta os conhecimentos, os valores e as vivências adquiridas pelo homem na sua ação sobre a natureza e sobre a sua realidade. Nesse sentido, a relação de educar é marcada por indivíduos que sabem e indivíduos que não sabem, e que não possuem valores e condutas desejáveis.

Assim, o caráter unidirecional, autoritário e vertical da comunicação leva também, em geral, que ela seja confundida com informação, que, como o próprio nome indica, destina-se mais a informar do que a estabelecer um processo dialógico entre duas pessoas.

No final da década de 1970, Paulo Freire passa a ser discutido devido ao seu trabalho de se repensar a extensão, trazendo uma proposta para comunicação rural num sentido dialógico.

Freire[5] questionava o modelo de transferência de informações, que até então orientava a prática extensionista brasileira. Para ele, a comunicação só é verdadeira quando ocorre uma re-

[5] Freire (1983).

ciprocidade sem interrupção entre os sujeitos no ato de pensar, pois segundo sua visão, na comunicação, não há sujeitos passivos e, portanto, a comunicação não deve ser informativa e muito menos persuasiva.

Era necessário, assim, estabelecer um processo de diálogo entre extensionistas e agricultores de forma a permitir a reciprocidade, proporcionando a troca de conhecimentos e não transmissão de informações. Segundo ele:

> O que caracteriza a comunicação enquanto este comunicar comunicando-se é que ela é diálogo, assim como o diálogo é comunicativo. É então indispensável ao ato comunicativo, para que este seja eficiente, o acordo entre os sujeitos, reciprocamente comunicantes. Isto é, a expressão verbal de um dos sujeitos tem de ser percebida dentro de um quadro significativo comum ao outro sujeito (Freire, 1983, p. 67).

Diante do exposto, é necessário que se revejam as práticas de extensão-comunicação rural no sentido de tornar o homem sujeito de seus processos produtivos.

5.6. Conclusão

A definição das políticas para o desenvolvimento sustentável diz ser fundamental uma agricultura que não se fundamente apenas em transferência de tecnologias (prática extensionista convencional), mas que faça uso de uma metodologia participativa entre o extensionista e o agricultor.

Como vimos, apesar das mudanças ocorridas no discurso oficial do governo, principalmente na década de 1980, e da crítica ao modelo difusionista, ainda é tímido o avanço teórico e pouca é a mudança na prática da comunicação e da extensão rural no Brasil.

Mais recentemente, na década de 1990, observamos um avanço na direção da comunicação dialógica, mas muito ligado ao trabalho das Organizações Não-Governamentais e de centros de pesquisa do que aos órgãos oficiais de assistência técnica e extensão rural, que ainda estão atrelados ao difusionismo-produtivista.

Pensando nos pequenos produtores rurais, no contexto atual, objetivamos, por meio da teoria de Paulo Freire, mostrar como é possível uma prática de *comunicação rural (extensão)* que considere os produtores como sujeitos centrais e não periféricos de sua produção. Devem ser levadas em conta durante todo esse processo as experiências empíricas dos produtores rurais. Neste livro, será proposto no sétimo capítulo um modelo de capacitação voltado para o processo de desenvolvimento de alimentos tradicionais, com base na teoria de Paulo Freire. O objetivo do PDP rural é o de tornar o homem sujeito de seus processos produtivos, por meio do resgate da cultura local e familiar.

Referências bibliográficas

ABCAR. *Agricultura e Desenvolvimento*. Coord. De José Pastore. Rio de Janeiro. APEC/ABCAR, 1973, p. 250.

_______. 1ª Reunião de Especialistas em Treinamento. Rio de Janeiro. ABCAR. 1958, p. 31.

_______. *Sistema Brasileiro de Extensão Rural.* Rio de Janeiro ABCAR. 1965, p. 43.

_______. *Sistema Brasileiro Cooperativo de Extensão Rural.* Rio de Janeiro. ABCAR. 1964, p. 40.

BREITNBACH, M. T. B. *A Cultura nas Práticas de Extensão Rural Desenvolvidas pela EMATER-RS/ASCAR no RS.* GT: Educação Popular/n. 06. Disponível em: www.apend.br. Acessado em: 21/06/2007.

Caporal, F. R. e Fialho, J. R. D. *A extensão rural e os limites à prática dos extensionistas do serviço público.* Dissertação de Mestrado. Santa Maria, 1991.

Caporal, F. R. e Ramos, L. F. *Da Extensão Rural Convencional à Extensão Rural para o Desenvolvimento Sustentável: Enfrentar Desafios para Romper a Inércia.* Disponível em: http://www.ematerce.ce.gov.br/empresa/artigo.php?codigo=17. Acessado em 10/06/2007.

Carneiro, E. F.; Silva, N. L e Fraxe, T. J. P. *A Extensão Rural no Médio Solimões: uma proposta interdisciplinar.* Disponível em: http://www.alasru.org. Acessado em 20/06/2006.

Doula, S. M. e Souza, R. S. *A Pós-Graduação em Extensão Rural no Brasil: perfil, dificuldade e perspectivas.* RBPG, Brasília, v. 3, n. 6, 2006, p. 282-299.

Freire, P. *Extensão ou comunicação?* Rio de Janeiro: Paz e Terra, 1983-2006.

Friedrich, O. A. *Comunicação rural: proposição crítica de uma nova concepção.* 2ª ed., Brasília: Embrater, 1988, p. 60.

Ministério do Desenvolvimento Agrário (MDA) Secretaria da Agricultura Familiar (SAF) Departamento de Assistência Técnica e Extensão Rural. *Política nacional de assistência técnica e Extensão rural.* Brasília, 2004.

Capítulo 6

Paulo Freire e a "Extensão Rural" Uma Proposta para a Comunicação

Não lhe cabe, portanto, de uma perspectiva realmente humanista,
estender suas técnicas, entregá-las, prescrevê-las;
não lhe cabe persuadir nem fazer dos camponeses
o papel em branco para sua propaganda.
Como educador, se recusa a "domesticação" dos homens,
sua tarefa corresponde ao conceito de comunicação,
não ao de extensão.

Paulo Freire
Comunicação ou Extensão?
(2006, p. 24)

6.1. Introdução

A TEORIA de Paulo Freire é conhecida mundialmente e muito utilizada no Brasil em campanhas de alfabetização. O seu viés humanista fez com que, na década de 1960, após o Golpe de 1964, ele fosse exilado no Chile. Nesse país, pôde desenvolver, durante alguns anos, trabalhos em programas de educação de adultos no Instituto Chileno para a Reforma Agrária (ICIRA).

Foi nesse período que nasceram os seus escritos sobre extensão rural, bem como a sua proposta metodológica para a capacitação daqueles que trabalham como educadores junto ao homem do campo. Todavia, ainda que seus escritos se remetessem ao contexto da Reforma Agrária no Chile de 1964, é possível fazer um paralelo de sua teoria com o desenvolvimento agrícola que ocorreu no Brasil, na década de 1970, e que até hoje tem desenvolvido as mesmas práticas de extensão predominantemente tecnicista.

6.2. Paulo Freire – "extensão" ou "comunicação" rural?

Sobre a temática extensão rural, Paulo Freire relata em seus escritos que esse não é um termo adequado a ser utilizado nos processos educativos, uma vez que ele se remete a estender algo a alguém.

Embora Freire[1] rechace o termo *extensão*, pois vai de encontro à proposição do verdadeiro trabalho do extensionista-educador, dentro

[1] Freire (2006 a).

de uma prática de educação para a libertação, não o modificaremos, pois ele caracteriza a área, ainda que para nós o termo comunicação dado por ele seja condizente com a tarefa que deveria desenvolver o extensionista-educador rural.

Ao fazer uma análise semântica e lingüística do termo extensão, Paulo Freire[2] afirma que o mesmo está relacionado à transmissão, entrega, doação, mecanicismo, invasão cultural, manipulação, entre outros. O autor ainda ressalta que esses termos envolvem ações que transformam o homem em "quase uma coisa", isto é, um objeto, negando sua condição de ser de transformação e de reflexão.

Dessa forma, o que buscaria o extensionista-educador seria estender os seus conhecimentos e suas técnicas, deixando de lado todo o contexto histórico e toda a aprendizagem e experiências que os sujeitos-educandos adquiriram ao longo de sua vivência.

Sob o ponto de vista humanista essa terminologia é errônea, uma vez que:

> (...) a ação do extensionista se dá no domínio do humano e não do natural, o que equivale a dizer que a extensão de seus conhecimentos e de suas técnicas se faz aos homens para que possam transformar melhor o mundo em que estão (Freire, 2006 a, p. 20).

O autor deixa claro que o conceito de extensão não corresponde a um quê – fazer educativo libertador. Mais do que uma análise do trabalho do agrônomo-extensionista como educador, ele faz também uma análise sobre a educação numa perspectiva de humanizar o homem, no sentido de que esse seja consciente do que fazer para transformar o mundo.

O papel de educador que o agrônomo desempenha é fundamental. Nesse sentido, a educação ou a ação educadora, tal como ele

[2] Freire (2006).

coloca, deve ser a de comunicação, para que seja possível compreender o homem como um todo, inserido em uma realidade concreta e histórica. Segundo Paulo Freire, quase sempre, a educação esquece de olhar os educandos como seres diferentes, com vivências distintas e particularidades próprias.

Diante disso, o autor não poderia deixar de criticar o termo extensão agrícola utilizado nos processos educacionais que ocorrem no campo. O autor critica esse termo, dizendo que ele é muito limitado, devendo, sobretudo, a uma visão ingênua da realidade e da superioridade com que o técnico agrícola enfrenta os camponeses no seu dia-a-dia, pois o contexto e o respeito pela individualidade de cada educando são a base de sua proposta metodológica.

De acordo com Freire, os extensionistas, ao estenderem os seus conhecimentos advindos de uma leitura de mundo e de um contexto que não pertence ao camponês, acabam transformando-os em coisas e negando a sua existência, principalmente como sujeitos transformadores do mundo.

O autor ainda enfatiza que o termo extensão impõe o significado de *invasão cultural*, pois toda invasão pressupõe um sujeito que invade e domina, passando ao outro apenas a sua visão de mundo.

Devido ao período da mais intensa modernização da agricultura brasileira (décadas de 1960 e 1970), os extensionistas possuíam o dever de estender suas técnicas aos agricultores para que esses tivessem uma maior produtividade, depositando no homem do campo conhecimentos que não eram compreensíveis à sua vivência e experiência.

A desconsideração do contexto dos educandos, no caso dos programas de extensão, é o motivo pelo qual se torna tão difícil implementar ações práticas diversificadas daquelas às quais os produtores rurais já estão familiarizados. Nesse sentido, Paulo Freire salienta que a capacitação técnica não pode ser focalizada, numa perspectiva humanista e científica, fora do contexto de uma realidade cultural global.

O capacitador deve considerar, para que faça sentido aos aprendizes, a realidade e o contexto nos quais estão inseridos, os sentidos que estes dão às coisas ao seu redor, assim como as relações que eles estabelecem com o mundo. Em outras palavras, o agrônomo-educador não pode efetuar mudanças na atitude dos camponeses sem antes conhecer a visão de mundo que esses possuem.[3] Indo de encontro ao que pensa Paulo Freire sobre a educação, o homem, o mundo e as relações que estabelecem entre o homem e o mundo, o termo *extensão* é modificado pelo autor para *comunicação*.

A comunicação na sua teoria refere-se ao diálogo, que é um conceito essencial. O diálogo proporciona a problematização do próprio conhecimento no confronto da realidade concreta, de maneira a melhor compreendê-la, explicá-la e transformá-la. Freire fala em diálogo porque a produção agrícola, assim como qualquer outro tipo de produção, é realizada pelo homem, sendo este um ser que se relaciona com outros homens por meio da comunicação. É a comunicação que permite aos homens apropriar-se da cultura historicamente construída.

Sendo os homens constituídos no processo de interação, o mundo humano é um mundo de comunicação, que ocorre por meio da linguagem, ou seja, *"na comunicação, que se faz por meio de palavras, não pode ser rompida a relação pensamento-linguagem-contexto ou realidade"*.[4]

Assim, o diálogo entre educador e educando sempre permite a conscientização, que é o pensar de forma crítica sobre a realidade na qual estamos inseridos; sendo o dever dos educadores, em qualquer processo de ensino-aprendizagem, conscientizar os educandos de que, enquanto *sujeitos,* são eles que constroem a história.

[3] Freire (2006 a).

[4] Freire (2006 a, p. 70).

6.3. A relação ensino-aprendizagem: a formação do homem

Um dos conceitos fundamentais presentes na teoria de Paulo Freire refere-se ao homem enquanto sujeito, que é constituído e se constrói nas relações sociais.

As relações sociais se estabelecem graças à linguagem, que permite a comunicação entre os homens; é por meio dela que ocorre a apropriação da cultura construída pelo próprio homem. Esse processo de interação e apropriação ocorre em situações de ensino e aprendizagem, que podem ser formais ou informais. Conforme Paulo Freire,[5] os sujeitos, *homens* e *mulheres*, sendo históricos e inacabados, vão constituindo-se nas relações sociais e culturais, em meio ao processo de ensinar e aprender.

O autor ressalta que foi também historicamente que *homens e mulheres* perceberam que era possível e preciso trabalhar maneiras de ensinar, isto é, os métodos de ensino. Segundo Paulo Freire, o processo de ensinar e de aprender são processos que se inter-relacionam, pois no processo de ensinar já está contido o ato de aprender, um inexistindo sem o outro. Entendendo o ato de ensinar inter-relacionado com o ato de aprender, esse processo ocorre apenas por meio da linguagem ou comunicação, que segundo o autor é *diálogo*. Desta forma, ao educador cabe levar o educando a refletir e pensar criticamente por meio do diálogo.

Assim, o diálogo deve possuir um sentido político; por isso, o autor denomina-o por vezes de "diálogo *problematizador*". Portanto, o educador deve criar a possibilidade para a produção e construção do conhecimento. Diferentemente de uma educação em que o

[5] Freire (2001).

educador vê o educando como um ser passivo, transferindo seus conhecimentos a esses que supostamente sabem menos, na educação proposta por Freire, os educandos são sujeitos ativos, que constroem os conhecimentos no processo de interação.

É por essa razão que o autor critica o ensino, como transferência de conhecimento, presente nos órgãos de extensão, salientando que:

> (...) transformar a experiência educativa em puro treinamento técnico é amesquinhar o que há de fundamentalmente humano no exercício educativo: o seu caráter formador (Freire, 2001, p. 37).

Diante do exposto, no processo de conhecimento e de formação do homem, é necessário evidenciar que o produtor rural, como qualquer outro trabalhador, perceba que ele é o real sujeito dos seus processos produtivos, o que geralmente não ocorre na relação de extensão.

6.4. A assistência técnica e a capacitação

Paulo Freire,[6] ao dialogar sobre a assistência técnica, relata que essa é indispensável em qualquer área, porém só é válida caso o seu programa for além do puro treinamento técnico. Ou seja, o seu programa deve conter o contexto do povo, por meio do seu "tema gerador". O "tema gerador" é aquilo que faz parte da realidade do educando e que é comunicado, por meio do diálogo, de maneira que se atinja a conscientização. Por exemplo, a palavra *terra* pode ser um "tema gerador" dos produtores rurais, pois faz parte do seu contexto. É nela que eles plantam, é por meio dela que sobrevivem

[6] Freire (2006 a).

devido ao trabalho que desenvolvem, sendo muitas vezes por causa dela explorados.

Nesse sentido, a assistência técnica na qual se pratica a capacitação só pode ser realizada na dimensão da reflexão, compreensão e transformação da própria técnica. Sobre a capacitação técnica, o autor relata que ela é mais que treinamento, porque é a busca de conhecimento e a apropriação de procedimentos, não podendo estar dissociada das condições de existência dos camponeses, de sua visão cultural, de suas crenças.

Para desenvolver o processo de ensino-aprendizagem, os capacitadores devem partir do nível em que os educandos se encontram e não daqueles que eles julgam estarem. Se os capacitadores partirem do que julgam, ocorrerá o que Paulo Freire denomina de "invasão cultural". Esse termo está associado à idéia de colonização (imposição), ou seja, a partir da percepção que temos do outro, queremos impor sobre ele nossos valores e aspirações. Por exemplo, no caso da extensão rural, o que fazemos é transferir outras técnicas aos produtores rurais que julgamos serem melhores, sem, contudo, ouvir dos produtores o seu conhecimento empírico.

No entanto, se os capacitadores partirem do conhecimento empírico dos produtores rurais, por meio do diálogo *problematizador*, vão assumir o seu papel como educadores. Pois a comunicação rural objetiva fazer com que os produtores rurais reflitam sobre o procedimento técnico que utilizam, ou seja, como e por que devem substituir este ou aquele procedimento, a fim de que melhore as suas condições de trabalho e de produção. Ou seja, os capacitadores não podem deixar de ver a capacitação técnica dos produtores rurais como um processo de conhecimento. Não podem fazê-la simplesmente visando o aumento de sua produção rural. Ao contrário, a capacitação deve constituir-se num objeto de reflexão aos produtores rurais, no intuito de fazer com que eles reflitam sobre si mesmos, como sujeitos históricos.

Nesse sentido, o que propunha Freire era problematizar a situação existencial em que vivia o educando, de forma a compartilhar os conhecimentos do educador e do educando, pois somente o diálogo permite a expressão e a compreensão do mundo, bem como a reflexão sobre ele.

Diante disso nas palavras do autor:

> Tal é o dilema do agrônomo extensionista, em face do qual precisa manter-se lúcido e crítico. Se transforma os seus conhecimentos especializados, suas técnicas, em algo estático, materializado, e os estende mecanicamente aos camponeses, invadindo indiscutivelmente sua cultura, sua visão de mundo, concordará com o conceito de extensão e estará negando o homem como um ser de decisão. Se, ao contrário, afirma-o através de um trabalho dialógico, não invade, não manipula, não conquista; nega, então, a compreensão do termo extensão (Freire, 2006 a, p. 44).

6.5. Um enfoque metodológico para os capacitadores

A concepção freireana de educação busca ensinar o homem a se expressar, a se comunicar, isto é, a dialogar. A aprendizagem da leitura e da escrita seria uma das formas de expressão, sendo a linguagem oral a primeira delas.

Nesse sentido, o ensino deve estar centrado no diálogo *problematizador*. Por meio de uma palavra, de uma frase, de um trecho de um texto, de um desenho ou de uma fotografia, o educador deve levantar discussões em torno do contexto dos aprendizes.

Assim, os educadores devem aproveitar toda a oportunidade para estimular os camponeses a expor suas observações, suas dúvidas e suas críticas. Por exemplo: *A produção do queijo. Como se dá a produção? Qual a técnica mais adequada? Qual o melhor tipo de embalagem para armazenamento?* Por meio do diálogo dos educandos, o capacitador apresentaria outras formas de desenvolvimento do produto, de modo que eles compreendessem os motivos.

Segundo Freire,[7] o diálogo *problematizador* faz com que se crie uma relação de sentidos em que é possível a leitura de mundo, a expressão e a compreensão de diferentes formas de se enxergar a realidade. Os capacitadores – zootecnistas, agrônomos, veterinários, "extensionistas" – devem encontrar-se com os camponeses tendo a realidade deles como mediadora.

Após o diálogo e as discussões, é importante que se registre o seu ponto de vista. O registro por meio do texto escrito ou por meio de gravações teria o objetivo de discutir o conteúdo, o contexto dos educandos, as suas leituras de mundo (vivências, experiências, como ele enxerga a realidade), como, por exemplo, a forma como os camponeses analisam e expressam as suas relações com o mundo. Segundo Freire, é indispensável que os órgãos de extensão:

> (...) motivem os extensionistas – agrônomos, técnicos-agrícolas, educadores, cooperativistas, veterinários – envolvidos nas diferentes atividades. (...) da zona rural, para que analisem o discurso dos camponeses em que expressam a forma como se vêem em suas relações com o mundo (Freire, 1982, p. 28).

Nesse sentido, é necessário que esses técnicos superem a visão da especialidade que acaba escravizando-os a uma visão estreita dos problemas. Uma grande crítica de Paulo Freire sobre a extensão refere-se à necessidade de se fazer mudanças para e sobre os camponeses e não com eles.

[7] Freire (1982).

Mas como conduzir a capacitação?

A primeira qualidade que os capacitadores (professor-educador, extensionista-educador e agricultor-educador) devem possuir é a humildade para saber que têm muito o que aprender com os educadores que se acham ligados às bases populares. Da mesma forma, os educadores não podem subestimar a capacidade dos camponeses nem desprezar seus conhecimentos. Esse tipo de comportamento leva a desprezá-los enquanto sujeitos do processo de sua capacitação, que é indispensável à produção.

Segundo Freire,[8] o que se deve discutir é a forma de compreender e de buscar o aumento da produção, pois não há produção fora da relação homem-mundo. O aumento da produção agrícola não pode ser visto como algo separado do universo cultural em que se dá. É necessário que o capacitador entenda, saiba e compreenda que, enquanto unidade de produção, é também unidade cultural. Essa compreensão é a chave para não reduzir a capacitação técnica às receitas, enfatiza o autor.

Diante do exposto, o trabalho do agrônomo-educador não pode limitar-se apenas à transferência e substituição dos procedimentos empíricos dos camponeses por suas técnicas. Ou seja, o agrônomo deve desenvolver o seu trabalho sem dicotomizar o aspecto técnico do cultural, pois a capacitação técnica vai além da técnica, uma vez que o papel que desempenha o agrônomo-educador é de transformação social.

Todavia, essa prática necessita de uma avaliação constante, salienta Freire, sobre a forma de condução da relação ensino-aprendizagem. Mas essa avaliação deve ser realizada em conjunto, de modo que nela tanto capacitadores como aprendizes possam apontar os obstáculos, erros e acertos para transformarem as futuras práticas.

[8] Freire (2006).

Para concluir o pensamento do autor, não são as técnicas que transformam a sociedade, mas os homens juntamente com os seus instrumentos.

> A capacitação técnica de especialistas, cuja tarefa se realiza preponderantemente no campo da técnica, associa-se a reflexões, estudos e análises das dimensões mais amplas nas quais se dá o próprio fazer técnico (Freire, 1982, p. 61).

6.6. Conclusão

De acordo com a teoria de Paulo Freire e seus pressupostos metodológicos, vimos que a educação deve basear-se numa prática para *a liberdade*.

Compreendendo o homem como sujeito de suas ações *sobre o mundo e com o mundo*, as relações que se estabelecem entre os homens ocorrem por meio do diálogo, de forma que a comunicação estabelecida entre eles deve levar o homem a refletir criticamente sobre o mundo a fim de transformá-lo.

O caráter humanista da educação freireana, que leva em consideração o processo histórico da construção e constituição do homem, define-se no seu caráter formador, pois muito mais que transmissão de conhecimentos, técnicas e procedimentos, a construção do sujeito ocorre por meio de um longo processo de vivências, experiências e sentidos atribuídos a um determinado contexto.

Portanto, pensar em "capacitação e extensão" é pensar em práticas educativas que permitam ao homem emancipar-se e tornar-se sujeito de seus processos produtivos. A produção de alimentos tradicionais seria uma prática que possibilita ao homem do campo resgatar sua história e suas vivências, tornando-o sujeito do processo de transformação da sua realidade.

Referências bibliográficas

Freire, P. *Extensão ou Comunicação?* São Paulo: Editora Paz e Terra, 1982.

Freire, P. *Pedagogia da Autonomia – Saberes Necessário à Prática Educativa.* 19ª ed., São Paulo: Editora Paz e Terra, 2001.

Freire, P. *Extensão ou Comunicação?* São Paulo: Editora Paz e Terra, 2006 a.

Freire, P. *Pedagogia do Oprimido.* 46ª ed., São Paulo: Editora Paz e Terra, 2006 b.

Freire, P. *Ação Cultural para a Liberdade.* 12ª ed., São Paulo: Editora Paz e Terra, 2007 a.

Freire, P. *Educação como Prática da Liberdade.* 30ª ed., Rio de Janeiro: Editora Paz e Terra, 2007 b.

Capítulo 7

Proposta de Capacitação para o Processo e Desenvolvimento de Produtos Rurais de Alimentos Tradicionais

A capacitação técnica é mais que o treinamento,
porque é a busca de conhecimento,
é a apropriação de procedimentos.

Paulo Freire
Extensão ou Comunicação Rural?
(2006, p. 88)

7.1. Introdução

O OBJETIVO deste capítulo é o de apresentar uma proposta metodológica para a capacitação de extensionistas e produtores rurais visando a produção de alimentos tradicionais, no ambiente da propriedade rural. Para isso, o agricultor deverá dominar o modelo de processo e desenvolvimento de produtos rurais (PDP rural) e a sua gestão, proposto por Zuin e Alliprandini,[1] tal como descrito no capítulo três desta obra.

Em seus estudos, os autores identificaram que geralmente, nas propriedades rurais, os agricultores apresentam problemas relacionados com os aspectos mercadológicos de sua produção, devido à baixa capacitação gerencial desses produtores.

Para alterar esse quadro, os autores salientam que algumas propriedades rurais estão investindo em treinamentos para os seus funcionários, por meio de cursos oferecidos pelos órgãos de extensão rural, tanto governamental como privado. Entretanto, esses treinamentos visam o aperfeiçoamento técnico da manufatura desse tipo de produto, não sendo contemplado o aspecto gerencial do processo de produção.

O modelo PDP rural proposto vai além da dimensão técnica, pois considera o processo como um todo, isto é, as dimensões gerenciais, que é por sua vez a garantia da sobrevivência do pequeno e médio produtor no mercado. Nesse sentido, é extremamente necessário capacitar os técnicos de extensão rural e agricultores para

[1] Zuin e Alliprandini (2006).

a aplicação do PDP rural nas propriedades que produzam ou que irão produzir os alimentos tradicionais.

Para tanto, apresentamos um Plano de Capacitação para o PDP rural, proposto por Zuin.[2] Assim como descreve o autor, a capacitação para a implantação do modelo de PDP rural deverá ocorrer em sete fases:

• *Primeira fase*

Trata-se da capacitação dos extensionistas rurais (privados ou governamentais) na teoria de Paulo Freire, na produção de alimentos tradicionais e, por fim, no modelo de PDP rural.

• *Segunda fase*

Consiste na oferta aos agricultores de cursos de capacitação no *Modelo PDP rural: alimentos tradicionais*, por meio dos agentes capacitadores dos órgãos de extensão rural.

• *Terceira fase*

Condiz com o processo de capacitação dos produtores rurais no *Modelo PDP rural: alimentos tradicionais.*

• *Quarta fase*

Refere-se à aplicação, em conjunto com os extensionistas, da ferramenta de diagnóstico nas propriedades rurais que produzem, ou que possuem o desejo de produzir, os alimentos tradicionais. A base de construção do diagnóstico será o modelo de PDP rural.

[2] Zuin, L. (2007a).

• *Quinta fase*

Diz respeito ao planejamento para a aplicação do modelo de PDP rural para cada propriedade rural ofertada, a partir das informações coletadas pelo diagnóstico. Esse processo possui o objetivo de construir e adicionar ao modelo um conjunto de atividades secundárias que irão auxiliar no seu processo de implantação. Por exemplo: de acordo com o modelo proposto por Zuin e Alliprandini, a primeira atividade que a empresa rural deverá realizar é a definição de seus objetivos estratégicos, voltados para o desenvolvimento dos alimentos tradicionais. As atividades secundárias dessa etapa decorrem da construção de um planejamento estratégico voltado para essa atividade, bem como o início da criação de um *portfólio* dos produtos já existentes na propriedade e que estão sendo ofertados no mercado. Para cada atividade principal descrita no modelo proposto, deverá haver o desdobramento de uma ou mais atividades secundárias que serão adotadas pelas propriedades rurais. Para a realização dessa etapa do projeto, será preciso a concretização de parcerias com os órgãos governamentais (ou privados) de extensão rural.

• *Sexta fase*

Condiz com a aplicação, em conjunto com os extensionistas rurais, do modelo PDP rural durante o desenvolvimento de novos produtos nas propriedades rurais ofertadas.

• *Sétima fase*

A última fase consiste na busca do aperfeiçoamento do modelo PDP rural por meio de reuniões com os produtores, os órgãos de extensão e pesquisadores envolvidos nesse projeto, e sua posterior reaplicação em outras propriedades rurais.

Para a realização desse projeto de extensão rural poderão ser feitas parcerias com órgãos de extensão rural governamentais. De acordo com o Quadro 1, observam-se as empresas responsáveis pela extensão rural nos estados brasileiros.

Além dessas empresas, ressaltamos também o trabalho de organizações não governamentais brasileiras que se propõem a apoiar o desenvolvimento rural.

Quadro 1 – Empresas responsáveis pela extensão rural nos estados brasileiros

Órgãos de Extensão Rural	Significado	Estado que atua
CATI	Coordenadoria de Assistência Técnica Integral da Secretaria de Agricultura e Abastecimento de São Paulo	São Paulo
EMATER	Empresa de Assistência Técnica e Extensão Rural	Rio Grande do Sul, Paraná, Rio de Janeiro, Goiás e Minas Gerais
EBDA	Empresa Baiana de Desenvolvimento Agropecuário S.A.	Bahia
IDAM	Instituto de Desenvolvimento Agropecuário do Estado do Amazonas	Amazonas
EMPAER	Empresa Matogrossense de Pesquisa, Assistência Técnica e Extensão Rural S.A.	Mato Grosso e Mato Grosso do Sul
EPAGRI	Empresa de Pesquisa Agropecuária e Divisão Tecnológica	Santa Catarina

7.2. Aspectos metodológicos para o Plano de Capacitação para o PDP rural dos alimentos tradicionais

Por meio do emprego do referencial teórico-metodológico de Paulo Freire, é apresentada uma proposta norteadora para as ações dos capacitadores, que não deve ser entendida como imposição, mas sim como um processo na busca de conhecimentos e apropriação de procedimentos. Portanto, qualquer ação não pode estar dissociada das condições de existência dos educandos (produtores rurais), de sua visão de mundo, de sua cultura e de suas crenças.

Para uma melhor didática, separamos em dois momentos os aspectos relacionados à capacitação. O primeiro diz respeito à capacitação dos extensionistas-educadores; o segundo, à capacitação dos agricultores-educadores. Desta forma, as atividades de capacitação aqui descritas envolvem três personagens: os professores-educadores, os extensionistas-educadores e os agricultores-educadores.

Os professores-educadores são definidos como os pesquisadores pertencentes aos órgãos privados ou governamentais (por exemplo, professores, mestrandos e doutorandos). Esse grupo de pessoas que trabalham com a temática da extensão rural é que irão capacitar os extensionistas para atuarem junto com os produtores rurais. Os extensionistas (pertencentes a empresas privadas e governamentais) são definidos como todos os sujeitos que irão capacitar os produtores rurais. Os produtores rurais são aqueles sujeitos que buscam conhecimentos e procedimentos para melhorarem sua produção e suas condições de existência.

Portanto, passamos, em seguida, a descrever algumas ações práticas que podem nortear o trabalho dos capacitadores para o desenvolvimento de alimentos tradicionais.

7.3. Capacitação dos Extensionistas

No processo de capacitação dos extensionistas rurais é desejável que os professores-educadores empreguem desde o início de suas atividades os procedimentos metodológicos de Paulo Freire, a fim de se conduzir o processo de ensino-aprendizagem. O emprego desses procedimentos é também uma forma de orientar os extensionistas de como desenvolver suas atividades com os produtores rurais.

Dessa maneira, o trabalho dos educadores deve ser orientado por meio de diálogos *problematizadores* a partir dos conteúdos a serem ensinados, que são na realidade os temas geradores.

Isto posto, a capacitação dos extensionistas pode ser realizada em cinco etapas, sendo:

• *Primeira Etapa*

Explicitar os principais aspectos da teoria de Paulo Freire para os extensionistas rurais.

• *Segunda Etapa*

Conceituar o que são alimentos tradicionais.

• *Terceira Etapa*

Detalhar os aspectos teóricos sobre o modelo de PDP rural proposto por Zuin e Alliprandini.

• *Quarta Etapa*

Analisar criticamente estudos de casos com os seguintes temas:

– relação entre educador e educandos;

– propriedades rurais de pequeno e médio porte;

– localização regional;

– produção e desenvolvimento de alimentos tradicionais;

- aspectos mercadológicos da comercialização de alimentos tradicionais;
- legislação sanitária; e
- tipos de certificação.

• *Quinta Etapa*

Ensinar como se diagnostica a região e as propriedades rurais em que os extensionistas irão desenvolver as suas atividades por meio de situações experimentais.

Para uma melhor visualização de como pode ser conduzido o processo de aprendizagem, exemplificamos cada uma dessas etapas de forma detalhada. É necessário, contudo, que os educadores retomem os temas trabalhados em cada capítulo desta obra, a fim de que possam desenvolver o trabalho com uma maior profundidade.

Primeira Etapa
Aspectos fundamentais da Teoria de Paulo Freire

Na primeira etapa da capacitação, cabe ao professor-educador explicitar o percurso histórico da extensão rural no Brasil, salientando o porquê da adoção da teoria metodológica de Paulo Freire. Por meio do histórico da extensão, o professor-educador deverá correlacionar as práticas de extensões desenvolvidas pelos órgãos de extensão com a prática proposta por Paulo Freire (ver capítulos 5 e 6).

Frente a essa contextualização, ao professor-educador caberá explicar e detalhar os principais conceitos da teoria de Paulo Freire, como:

• *Concepção de sujeito e objeto*

Na definição desses conceitos, ao professor-educador cabe deixar claro que o agricultor é um ser que se constrói durante o processo das relações sociais, por meio da mediação com outros sujeitos, com outros agricultores, e na sua relação com o objeto (ambiente em que vive). Assim, o agricultor se constitui na história ao mesmo tempo em que ele faz a sua história.

Nesse sentido, o educador (seja o professor ou o extensionista) de forma alguma deve deixar de considerar a história desse sujeito, isto é, o seu contexto, as suas vivências, as suas memórias, os seus sofrimentos e as suas aspirações.

Portanto, ao professor-educador, cabe mostrar ao extensionista que o produtor rural não é um objeto sobre o qual se depositarão as suas técnicas para a produção de alimentos tradicionais. Ao contrário, o professor-educador deve explicitar que o agricultor, estando inserido e interagindo com o seu ambiente (com o mundo), ele próprio, resulta de um processo de aprendizagem constante, que ocorre por meio de suas experiências e vivências; portanto, aprender é conhecer melhores formas de se viver.

Assim, o professor-educador pode iniciar os diálogos com os extensionistas a partir de questões norteadoras. Essas questões têm como finalidade levar os extensionistas a refletir sobre os conceitos que possuem na confrontação com a teoria de Paulo Freire, por exemplo:

– O que é o homem (agricultor)?
– Como o homem (agricultor) se constitui?
– O que é objeto?
– O que é sujeito ativo?
– Qual a relação entre o homem (agricultor) e o objeto?
– Na produção o homem (agricultor) é sempre sujeito?
– Como modificar a relação homem-objeto?

• *O processo de ensino-aprendizagem na perspectiva freireana*

O processo de ensinar e o de aprender, segundo a perspectiva freireana, são processos que se inter-relacionam, sendo que um não existe sem o outro. Esse processo, segundo o autor, ocorre apenas por meio da comunicação ou do diálogo. O educador, por meio do *diálogo*, deve levar o educando a refletir e pensar criticamente. Assim, o professor-educador pode abordar essa temática com os extensionistas considerando as questões abaixo:

– O que é ensino?
– O que é aprendizagem?
– Qual o papel do educador?
– Quem ensina quem?
– Qual a função da comunicação na aprendizagem?

• *Educação problematizadora*

Na educação *problematizadora*, a relação de ensino-aprendizagem ocorre por meio do diálogo. Sendo os produtores rurais educandos e sujeitos, cabe aos professores-educadores levar os extensionistas a refletir criticamente sobre a realidade que os cerca e que cerca também os produtores rurais.

Nesse sentido, a educação *problematizadora* ocorre por meio do diálogo a partir de um tema gerador. Este tema é aquilo que faz parte da realidade do educando, e que é comunicado. Por meio do diálogo (dos professores-educadores com os extensionistas), esses temas devem fazer com que os extensionistas atinjam a conscientização de sua prática, do porquê capacitar e como capacitar os produtores.

Dessa forma, seguem algumas questões a respeito das categorias trabalhadas por Paulo Freire e que podem ser trabalhadas com os extensionistas:

– O que é contexto?
– O que é pensar criticamente?
– Refletir é o mesmo que práxis (reflexão e mudança das práticas de capacitação; a produção de alimentos tradicionais é uma das formas de mudar a realidade dos produtores rurais)?
– Como transformar a realidade que nos cerca?
– Devemos considerar as experiências dos agricultores?

• ***O significado do termo extensão***

Para o extensionista rural deve ficar claro o significado do termo *extensão*, bem como a ação que ele exercer. Segundo Paulo Freire, o termo *extensão* está relacionado a expressões como: transmissão, entrega, doação, mecanicismo, invasão cultural, manipulação, entre outros. O autor ainda ressalta que esses termos envolvem ações que transformam o homem em quase coisa, negando sua condição de ser de transformação e de reflexão, isto é, de sujeito. Nessa perspectiva, o que buscaria o extensionista seria estender os seus conhecimentos e suas técnicas, deixando de lado todo o contexto histórico e toda a aprendizagem e experiências que os sujeitos-educandos (agricultores) adquiriram ao longo de sua vivência.

Assim, os professores-educadores poderiam refletir juntamente com os extensionistas sobre as seguintes questões:

– O que é a extensão?
– Qual o papel dos extensionistas?
– Como se realizam as atividades dos extensionistas?

• ***O porquê de uma proposta de comunicação***

A comunicação na teoria de Paulo Freire refere-se ao diálogo, que é um conceito essencial. O diálogo proporciona a problematização do próprio conhecimento no confronto com a realidade concreta, de maneira a melhor compreendê-la, explicá-la e transformá-la.

A proposta de comunicação ou diálogo deve-se ao fato de que qualquer tipo de produção (neste caso a agrícola) é realizada pelo homem, sendo este um ser que se relaciona com outros homens por meio da comunicação. É a comunicação que permite aos homens apropriar-se da cultura construída com o passar do tempo.

Desta maneira, as ações dos professores-educadores podem ser realizadas a partir de algumas questões, como:

– O que é comunicação?
– O que é diálogo?
– Por que comunicação?
– Comunicar é diferente de estender?
– Qual o sentido de comunicação na extensão?

- ***O significado da capacitação***

Sobre a capacitação técnica, deve ficar explícito aos extensionistas que ela é mais que treinamento, é a busca de conhecimento e a apropriação de procedimentos; portanto, não pode estar dissociada das condições de existência dos produtores rurais, de sua visão cultural e de suas crenças.

Aos extensionistas, deve ficar claro que a capacitação técnica dos produtores rurais é um processo de conhecimento, de maneira que ela não visa apenas o aumento da produção rural e da renda dos produtores rurais. A capacitação deve constituir-se num objeto de reflexão para os agricultores, no intuito de fazer com que eles reflitam sobre si mesmos, como sujeitos que detêm as rédeas da sua história e dos seus processos produtivos, sendo senhores do seu destino.

Nesse sentido, as questões norteadoras sobre essa temática poderiam ser:

– O que é a capacitação?
– Qual a finalidade de capacitar?

• ***Educação para a libertação***

O caráter humanista da educação freireana considera o processo histórico da construção e constituição do homem (agricultor) de forma que o seu caráter formador é muito mais do que a transmissão de conhecimentos, técnicas e procedimentos, é a construção do sujeito por meio de um longo processo de vivências, experiências e sentidos, que são atribuídos a um determinado contexto. Pensar criticamente sobre essas relações é a prática da educação para a libertação, a qual propõe Paulo Freire.

Diante disso, as questões para guiar os diálogos no processo de ensino-aprendizagem entre professores-educadores e extensionistas, poderiam ser:

– O que é liberdade?
– Qual a função da educação?
– Por que educar para a liberdade?

Para finalizar essa primeira etapa, é necessário salientar que somente com a compreensão dos conceitos descritos pelo autor, os extensionistas conseguirão modificar as suas práticas e realmente fazer com que os produtores rurais se tornem sujeitos dos seus processos produtivos, de maneira a se emanciparem no verdadeiro sentido da palavra.

Segunda Etapa
A produção de alimentos tradicionais

A capacitação nessa etapa deve estar alicerçada sob a importância em se resgatar os produtos tradicionais, assim como a importância de sua comercialização na atualidade. Diante disso, o professor-educador deverá explicitar o valor simbólico e histórico desses produtos. É necessário também que, juntamente com os extensionistas, haja reflexão sobre a definição desses alimentos (ver capítulos 1, 2 e 3).

Assim, o professor-educador poderá dialogar com os extensionistas a partir de questões norteadoras, como:

– O que são alimentos tradicionais?
– Qual a sua importância?
– Por que comercializá-lo?
– O que está por trás desses alimentos?
– O que precisa ter esse alimento para ser classificado como produto tradicional?
– Qual a diferença desses alimentos e dos alimentos industrializados?
– Qual o valor de mercado desses produtos?

Terceira Etapa
O Modelo de PDP Rural proposto por Zuin e Alliprandini[3]

Nesta etapa cabe ao capacitador explorar o modelo proposto por Zuin e Alliprandini, assim como descrito no terceiro capítulo

[3] Zuin e Alliprandini (2006).

desta obra. Esse modelo é um método que auxilia o produtor rural a gerenciar o seu negócio.

O modelo foi desenvolvido para contribuir com a estruturação do PDP em propriedades rurais, permitindo aos produtores desse setor organizar e relacionar os elementos de estratégia de produto e de mercado com os trabalhos de desenvolvimento de seus novos produtos.

O modelo PDP rural é um método que propicia aos produtores rurais agregar valor ao seu produto por meio do desenvolvimento de produtos do tipo BEAs, sendo os alimentos tradicionais considerados um tipo de BEAs. Sabendo que o modelo centra-se em três macrofases, o professor-educador, utilizando a metodologia freireana, juntamente com os extensionistas, por meio do diálogo, deverá apresentar os conceitos tratados pelos autores. Deve ainda fazer com que os extensionistas reflitam sobre as atividades relacionadas a cada macrofase, de modo que os leve a pensar numa melhor forma de abordar esse modelo.

Dessa maneira, aqui exemplificamos algumas formas de condução para cada encontro, com as respectivas macrofases:

- ***Macrofase Pré-Desenvolvimento***

Esta macrofase trata-se da descrição de algumas atividades essenciais para a produção de alimentos tradicionais; nela o extensionista deverá atuar juntamente com os produtores rurais. É importante ressaltar que essa fase ainda se encontra no planejamento do produto, que nesse caso refere-se à produção de alimentos tradicionais. Assim, o professor-educador poderá conduzir o processo de ensino e aprendizado por meio de diálogos provenientes das seguintes questões:

– Quais os objetivos estratégicos que teremos de traçar para desenvolver alimentos tradicionais visando a sua comercialização?

- Quais são as necessidades do mercado consumidor?
- Que idéias vocês possuem para a produção desses produtos?
- Quais são os recursos financeiros e as condições físicas da propriedade e do produtor para a fabricação de alimentos tradicionais?
- Qual alimento será produzido?
- Qual a melhor embalagem?
- Qual será o conceito (tamanho, formato, embalagem) do produto?

• ***Macrofase Desenvolvimento***

Esta fase trata-se da materialização do produto a ser desenvolvido. De acordo com o modelo, esta macrofase subdivide-se em outras duas: atividades de campo e/ou criação animal e de processamento. Dessa forma, o educador poderá conduzir a aprendizagem dessas atividades por meio de diálogos problematizados com as seguintes questões:

a) Com relação às atividades de campo:
- Para o desenvolvimento do meu alimento tradicional que tipo de animais e insumos deverão ser empregados?
- A propriedade rural possui mão-de-obra para fazê-lo?
- Possuímos maquinário?

b) Com relação às atividades de processamento:
- Qual a embalagem mais apropriada para o meu alimento?
- Preciso selecionar e treinar os produtores?
- Necessito comprar novos maquinários? De que tipo?
- Quem serão meus distribuidores?

Respondidas essas questões que já foram problematizadas e refletidas criticamente, o professor-educador deverá falar sobre confecção do protótipo do produto e posterior determinação da vida de prateleira, ressaltando a importância da realização de outros testes, como análise sensorial e testes de embalagem. A partir da validação do produto, iniciam-se sua produção em massa e seu lançamento no mercado consumidor.

- ***Macro-fase Pós-Desenvolvimento***

Esta fase refere-se aos estudos que serão realizados nos ambientes internos e externos à propriedade rural, devendo o professor-educador e o extensionista mensurar a eficiência do processo de desenvolvimento do produto, por meio do diálogo, encontrando soluções conjuntamente. Assim o diálogo pode partir das seguintes questões:

– A forma como foi produzido o alimento é a melhor maneira?
– Por quê?
– O que pode ser feito para melhorá-lo?

Com relação ao ambiente externo, o professor-educador deve ensinar o extensionista a:

a) Avaliar o sucesso do alimento tradicional no mercado, com as seguintes questões norteadoras:
– Quais foram os fatores que fizeram com que o produto tivesse sucesso?
– A embalagem agradou o consumidor por quais motivos?

b) Fazer o planejamento do futuro do produto:
– Quando oferecer o produto tradicional em novos conceitos (formatos, tamanhos, embalagem, entre outros atributos)?

Essas informações serão empregadas durante o processo de melhoria contínua da propriedade rural e da produção. Nesse sentido, cabe ao professor-educador mostrar a importância da criação de um sistema de documentação, isto é, a criação de *portfólios* dos produtos desenvolvidos. A criação desse sistema tem como finalidade facilitar o desenvolvimento de novos produtos ou mesmo assegurar a manutenção deles no mercado consumidor.

Um aspecto é o modelo de PDP rural, outro é o seu processo de gestão. Para isso, algumas perguntas deverão ser realizadas pelos professores-educadores, como:

- Como o projeto é conduzido? É individual? Em equipe? Há um líder da equipe?
- Quais as ferramentas de gestão (*benchmarking* de produto, Engenharia Simultânea, APPCC, BPF, BPH, entre outras) que serão empregadas pelas pessoas envolvidas no desenvolvimento do alimento tradicional?
- Os fornecedores, clientes e consumidores participam do PDP rural?
- Que tipo de medidas de desempenho serão aplicadas durante o PDP rural?
- As pessoas que fazem parte da equipe de PDP rural estão monitorando os mercados consumidores e institucionais (novas leis e normas para alimentos no geral)?
- As pessoas que fazem parte da equipe do PDP rural precisam de cursos de capacitação gerenciais e técnicos?

Quarta Etapa
Análises de estudos de casos

Nesta etapa, o professor-educador deverá apresentar estudos de casos aos extensionistas de maneira a levá-los a refletir e a pensar sobre os principais temas relacionados à extensão.

Esse procedimento é uma proposta para ser realizada em conjunto, cujo capacitador poderá avaliar a compreensão dos extensionistas sobre os temas estudados. Dessa maneira, formando-se grupos de quatro extensionistas, eles poderão conjuntamente analisar alguns casos relacionados a cada temática.

Para que o capacitador possa nortear a sua prática, colocamos um estudo de caso para cada temática, a fim de que sirva de modelo.

- ***A relação entre educador e educandos***

Com relação a essa temática, é desejável que o professor-educador apresente diferentes estudos de casos aos extensionistas, a respeito dos métodos de ensino que norteiam as práticas pedagógicas, como o tradicional, o construtivista, o histórico-cultural, entre outros.

Para que os extensionistas percebam as diferenças no processo de ensino-aprendizagem, é importante que o professor-educador oferte alguns estudos de casos, deixando claro aos extensionistas as diferenças na relação de ensino-aprendizagem proposta por Paulo Freire. O estudo de caso pode conter uma prática em que o professor-educador é o detentor do saber, sendo que o educando deve ser considerado um ser passivo, que não deve questionar o educador, pois, pelo viés deste, o educando não possui conhecimento. Dessa maneira, o professor-educador pode propor discussões e reflexões sobre tal prática, ressaltando que a construção do saber se constrói na relação dialógica entre educador e educando.

O estudo de caso que escolhemos como modelo é um relato bastante conhecido no meio educacional sobre essa prática educadora em que o educador não deve ser questionado.

Joãozinho da Maré

Era uma vez um moleque chamado Joãozinho que morava na favela da Maré, no Rio de Janeiro. Essa favela de casebres equilibra-se sobre palafitas espetadas no lodo das margens da baía de Guanabara. Do fundo da miséria em que vivia, Joãozinho podia ver, não muito distante, algumas das conquistas de nossa civilização "em vias de desenvolvimento" (para uma minoria). Dali de sua favela, ele podia ver uma das grandes Universidades onde, segundo lhe contavam, existiam uns verdadeiros crânios e onde se fazia Ciência. Naturalmente essa ciência nada tinha a ver com os muitos milhões de Joãozinhos que perambulam pelas ruas, caminhos e estradas do Brasil.

Além de perambular por toda a cidade, Joãozinho, de sua favela, podia ver o aeroporto internacional do Rio de Janeiro. Isso oferecia ao menino a oportunidade de ver imensos aviões chegando e saindo. Era o que mais fascinava os olhos do moleque. Aqueles monstros metálicos, que subiam rugindo, pareciam rachar os céus. Joãozinho, com olhar curioso, acompanhava aqueles pássaros barulhentos até que, diminuindo de tamanho, eles desapareciam no céu.

Talvez por freqüentar pouco a escola, por observar aviões e o mundo que o rodeia, Joãozinho seja um sobrevivente de nosso sistema educacional. Ele ainda não perdera aquela curiosidade de todas as crianças; aquela vontade de saber os "como" e os "porquês", especialmente em relação às coisas da Natureza. O moleque ainda tinha e sentia aquele gosto de descobrir e de saber o que se vai extinguindo, quase sempre, à medida que vai freqüentando a escola. Também não há curiosidade que agüente aquela decoreba sobre corpo humano, por exemplo, e apresentada como Ciência.

Além da chatice da aula sobre "cabeça, tronco e membros", Joãozinho andava meio arisco com sua professora e com as aulas de Ciências.

Conforme "manda o programa", como a Terra, o Sol, os Pontos Cardeais etc. Ela havia dito que era importante que eles soubessem os Pontos Cardeais: "Se um dia vocês se perderem na floresta, como escoteiros, vocês podem orientar-se pelos Pontos Cardeais, que são quatro: Norte, Sul, Leste e Oeste". Em seguida, a professora ditara o "ponto" com as definições e características de cada um dos pontos, acrescentando:

– A gente acha esses pontos fazendo assim: estendem-se bem os dois braços, horizontalmente para o lado. Depois a gente vira o braço direito para o ponto em que o Sol nasce no horizonte. Esse ponto é o ponto Leste. O braço esquerdo estará apontando para o ponto Oeste. Bem em frente fica o ponto Norte e atrás de nós estará o ponto Sul.

De assuntos como esse, até que o Joãozinho gostava.

Ele morava num barraco sem janelas, ou melhor, com aberturas que só eram tapadas provisoriamente quando chovia. Quando não chovia, todas as "janelas" do barraco permaneciam abertas. Isso fazia com que Joãozinho e os irmãos fossem, todos os dias, acordados com o sol entrando pelo barraco, iluminando suas caras logo de manhãzinha. Para o nosso herói estava na cara que o sol, ao longo do ano, vai mudando o lugar em que aparece no horizonte. Joãozinho também já tinha percebido que essa diferença é enorme. Essa grande diferença era ainda mais fácil de ser percebida devido às montanhas detrás das quais o sol parecia sair. Por volta do fim do ano, o sol aparecia mais para as bandas do Pão de

Açúcar. No meio do ano o sol nascia mais para as bandas do Dedo de Deus (Serra dos Órgãos). Era uma diferença bem grande (quase 50 graus). A diferença dos pontos em que nasce o sol, vistos de seu barraco, era evidente e familiar.

– Fessora.

– Que é, Joãozinho?

– Qual é o ponto Leste que a gente devemos usar?

– Ponto Leste só tem um, Joãozinho.

– É que a gente vemos o sol nascê sempre em lugar diferente. Se o ponto Leste é onde sai o sol, então ele (ponto Leste) tá mudando, num tá, Fessora?

– Joãozinho, você está atrapalhando minha aula. Desse jeito não posso dar o meu programa. É assim como já lhe ensinei. Trate de estudar mais e atrapalhar menos.

Joãozinho, moleque esperto e observador, ficou meio frustrado com o episódio, mas não lhe deu maior importância. Num outro dia, depois de pensar com seus botões e num papo com seus amigos sobre o assunto, chegou à seguinte conclusão:

"Ou o ponto Leste não é o ponto em que o sol nasce... ou então o ponto Leste não serve para nada..."

Na mesma série de aulas sobre esses temas obrigatórios do programa, a professora havia "ensinado" outro assunto: os dias e as noites (fusos horários).

– Meio-dia é quando o sol passa a pino.

– Fessora, quié sol a pino?

– É quando o sol passa bem em cima das nossas cabeças. É quando a sombra da gente fica embaixo dos nossos próprios pés.

Joãozinho achara interessante o assunto. Até lhe ocorrera a idéia de acertar o relógio quando o sol passasse a pino. Ao sair da sala, no fim da aula, como já era quase meio-dia, valia a pena observar o que a professora acabara de "ensinar".

Joãozinho e os amigos se postaram ao sol para vê-lo passar a pino, mesmo com a escola já fechada e abandonada por quase todos.

A sombra ainda estava grande. Também, ainda não era meio-dia. Era preciso esperar a sombra encurtar. Chega meio-dia. Os guris conferem com o relógio das pessoas que passam. Já era meio-dia. A sombra ainda estava grande. A turma percebe que, em lugar de encurtar, a sombra começa a aumentar de comprimento e mudar de direção...

No dia seguinte, Joãozinho e seus amigos resolvem acompanhar a sombra desde cedo para não perder o momento em que ela deveria passar por baixo de seus pés. Era preciso faltar à aula. Sempre um dos amigos ficaria de plantão para não perder o momento do sol a pino. Eles estavam combinando observar também a sombra de um grande poste próximo à favela.

... as sombras não deixaram de existir...?

... então o sol não passou a pino...?

(... e isso...? ... em pleno Rio de Janeiro...?)

Depois de vários dias de tentativas frustradas de ver o sol a pino ou, o que é a mesma coisa, ver as sombras desaparecerem sob os próprios pés, os guris desistem.

Alguns dias depois, Joãozinho e seus amigos voltam à escola. Desta vez não era por causa da merenda. Eles haviam ficado intrigados com o caso do sol a pino ou sem pino.

– Fessora.

– Que é, Joãozinho?

– A gente não conseguimos ver o sol a pino não.

– Vai ver que vocês não olharam bem.

– Fessora, mostra pra gente esse negócio. A gente queria vê.

– Eu não tenho tempo para isso, meninos. Tenho que sair correndo para dar outra aula na escola de Irajá. E tem outra coisa. Faz 15 anos que eu dou essa aula e nunca ninguém me amolou tanto quanto você e seus amigos, Joãozinho.

– Num tem nada não, Fessora, a gente só queríamos intendê.

Alguns meses depois e já se aproximava o fim do ano. Eram as últimas aulas. Joãozinho e seus amigos já haviam esquecido o episódio do sol a pino. A aula terminara. Faltava pouco para o meio-dia. Os garotos saem e, de repente, Joãozinho, que dera uma topada numa pedra, olha para seus pés...

– Ei turma, vem vê. A sombra tá quase sumindo embaixo da gente! O sol tá quase a pino! Vamo esperá mais um pouco! Vamo vê o sol a pino!

Dentro de mais alguns instantes, os moleques irrompem num grito de entusiasmo. A sombra desaparecera. O sol estava bem a pino, no meio do céu. Todos olharam para o relógio da professora, que também acorrera...

Não era meio-dia ... que decepção.

Num outro dia, sabendo por seus colegas que haveria merenda, quase único atrativo da escola para o menino, ele resolve ir à aula. Nesse dia sua professora iria dar uma aula de Ciências, coisa de que o menino ainda gostava. Ela então se dispunha a falar sobre coisas como o Sol, a Terra, seus movimentos e as Estações.

A aula começa com as definições ditadas para "pontos".

– O Verão é tempo do? ... Calor.

– O Inverno é tempo do? ... Frio.

– A Primavera é tempo das? ... Flores.

– O Outono é tempo das? ... Frutas.

Em sua favela, no Rio de Janeiro, Joãozinho conhece duas estações: época de calor e época de mais calor ainda; um verdadeiro sufoco de calor, às vezes. Graças a isso, o moleque sobrevivia com uns trapos que um dia devem ter sido de algum garoto da zona Sul. Flores, Joãozinho via durante todo o ano em cortejos fúnebres e casamentos. E não havia mais enterros em determinada época do ano. Casamentos havia mais em maio, mês das rosas (?), mês das noivas (?).

Joãozinho também ajudava no mísero orçamento de sua família de mais seis irmãos e a mãe. Ele ajudava seu irmão mais velho a vender frutas na zona Sul da cidade: figos de Valinhos, uvas de Jundiaí, mangas do Rio, cajus e abacaxis do Nordeste. Felizmente esse negócio era maior depois do fim de suas aulas até o Carnaval.

Então o outono deve ser nessa época?...

Joãozinho, observador e curioso, queria saber por que acontecem essas coisas. Por que existem verão, inverno etc.?

– Eu já disse a vocês, numa aula anterior, que a Terra é uma grande bola solta no espaço e que essa bola está rodando sobre si mesma.

É sua rotação que provoca os dias e as noites. Acontece que, enquanto a Terra está girando, ela também está fazendo uma grande volta ao redor do Sol. Essa volta se faz em um ano. O caminho é uma órbita alongada chamada elipse. Além dessa curva ser assim achatada ou alongada, o Sol não está no centro. Isso quer dizer que em seu movimento a Terra às vezes passa perto, às vezes passa longe do Sol.

– Quando passa mais perto do Sol é mais quente: É Verão.

– Quando passa mais longe do Sol recebe menos calor: É Inverno.

Os olhos de Joãozinho brilhavam de curiosidade diante de um assunto novo e tão interessante.

– Fessora, a senhora não disse antes que a Terra é uma bola e que tá girando enquanto faz a volta em volta do Sol?

– Sim, eu disse, responde a professora com segurança.

– Mas a Terra é uma bola e está girando todo dia perto do Sol, não deve ser verão em toda a Terra?

– É Joãozinho, é isso mesmo.

– Então é mesmo verão em todo lugar e inverno em todo lugar, ao mesmo tempo, Fessora?

– Acho que é, Joãozinho, mas vamos mudar de assunto.

A essa altura a professora já não se sentia tão segura do que havia dito. A insistência, natural para o Joãozinho, já começava a provocar certa insegurança na professora.

– Mas, Fessora, insiste o garoto, enquanto a gente está ensaiando na escola de samba, na época do Natal, a gente sente o maior calor, não é mesmo?

– É mesmo, Joãozinho.

– Então nesse tempo é verão aqui, Fessora.

– É Joãozinho.

– E o Papai Noel no meio da neve com roupa de frio e botas. A gente vê nas vitrinas até as árvores de Natal com algodão. Não é pra imitar neve (a 40°C no Rio), Fessora?

– É Joãozinho, na terra do Papai Noel faz frio.

– Então na terra do Papai Noel, no Natal, faz frio, Fessora?

– Faz, Joãozinho.

– Mas então tem frio e calor ao mesmo tempo? Quer dizer que existe verão e inverno ao mesmo tempo?

– É Joãozinho, mas vamos mudar de assunto. Você já está atrapalhando a aula e eu tenho um programa a cumprir.

Mas Joãozinho ainda não havia sido "domado" pela escola. Ele ainda não havia perdido o hábito e a iniciativa de fazer perguntas, e querer entender as coisas. Por isso, apesar do jeito visivelmente contrariado da professora, ele insiste.

– Fessora, como é que pode ser verão e inverno ao mesmo tempo em lugares diferentes, se a Terra, que é uma bola, deve estar perto ou longe do Sol? Uma das duas coisas não tá errada?

– Como você se atreve, Joãozinho, a dizer que a professora está errada? Quem andou pondo essas idéias na sua cabeça?

– Ninguém não, Fessora. Eu só tava pensando. Se tem verão e inverno ao mesmo tempo, então isso pode acontecer porque a Terra tá perto ou longe do Sol. Não é mesmo, Fessora?

A professora, já irritada com a insistência atrevida do menino, assume uma postura de autoridade científica e pontifica:

– Está nos livros que a Terra descreve uma curva que se chama elipse ao redor do Sol, que este ocupa um dos focos e, portanto, ela se aproxima e se afasta do Sol. Logo, deve ser por isso que existe verão e inverno.

Sem se dar conta da irritação da professora, nosso Joãozinho lembra-se da sua experiência diária e acrescenta:

– Fessora, a melhor coisa que a gente tem aqui na favela é poder ver avião o dia inteiro.

– E daí, Joãzinho? O que isso tem a ver com o verão e o inverno?

– Sabe, Fessora, eu achei que tem. A gente sabe que um avião tá chegando perto quando ele vai ficando maior. Quando ele vai ficando pequeno é porque ele tá ficando mais longe.

– E o que isso tem a ver com a órbita da Terra, Joãozinho?

– É que eu achei que a Terra chegasse mais perto do Sol, a gente devia ver ele maior. Quando a Terra tivesse mais longe do Sol, ele devia aparecê menor. Não é, Fessora?

– E daí, menino?

– A gente vê o Sol sempre do mesmo tamanho. Isso não quer dizer que ele tá sempre na mesma distância? Então verão e inverno não pode sê por causa da distância.

– Como você se atreve a contradizer a sua professora? Quem anda pondo essas "minhocas" na sua cabeça? Faz 15 anos que eu sou professora. É a primeira vez que alguém quer mostrar que a professora está errada.

A essa altura, já a classe se havia tumultuado. Um grupo de outros garotos já havia percebido a lógica arrasadora do que o Joãozinho dissera. Alguns continuaram indiferentes. A maioria achou mais prudente ficar do lado da "autoridade". Outros aproveitaram a confusão para aumentá-la. A professora havia perdido o controle da classe e já não conseguia reprimir a bagunça nem com ameaças de castigo e de dar "zero" para os mais rebeldes.

Em meio àquela confusão tocou o sinal para o fim da aula, "salvando" a professora de um caos maior. Não houve aparentemente nenhuma definição de vencedores e vencidos nesse confronto.

Indo para casa, a professora ainda agitada e contrariada se lembrava do Joãozinho que lhe estragara a aula e também o dia. Além de pôr em dúvida o que ela afirmara, ele dera um "mau exemplo". Joãozinho, com seus argumentos ingênuos, mas lógicos, despertara muitos para o seu lado.

– Imagina se a moda pega, pensa a professora.

O pior é que não me ocorreu qualquer argumento que pudesse "enfrentar" o questionamento do garoto.

Mas foi assim que me ensinaram. É assim que eu também ensino, pensa a professora. Faz tantos anos que dou essa aula sobre esse mesmo assunto...

Questões norteadoras sobre o estudo de caso:

– Podemos pensar o caso do Joãozinho sob várias perspectivas e pontos de vista teóricos. Pensando a partir de Paulo Freire, como você vê as implicações dessa teoria no processo de aprendizagem de Joãozinho?
– Como deveria agir a professora na perspectiva de Paulo Freire?
– Ela usava a comunicação e o diálogo?
– O Joãozinho, assim como os outros educandos, são sujeitos no processo educacional?

• ***Legislação sanitária***

É fundamental que o extensionista e os produtores tenham conhecimento sobre a legislação sanitária vigente, pois é por meio dela que os produtos, os alimentos tradicionais, poderão ser ou não comercializados no Brasil e no exterior.

Todavia, há a necessidade de se discutir a influência do ambiente institucional na confecção dos padrões de qualidade dos produtos alimentícios, bem como no processo de comercialização. As reportagens abaixo salientam essas abordagens.

Cadê o queijo?

Em dezembro de 2006 foram apreendidas pelo Instituto Mineiro de Agropecuária – IMA – quatro toneladas de queijo, feitos por queijeiros há gerações, na região sul de Minas Gerais. A lei 14.185 de janeiro de 2002, que regulamentava a produção de queijo-de-minas artesanal, esgotou-se a partir de 2005. A partir daí as entidades fiscalizadoras (Ministério Público, Vigilância Sanitária e IMA) passaram a agir.

Os produtores e comerciantes, desesperados, procuram uma saída. Para dificultar ainda mais, o sul de Minas não é certificado como região produtora. Ele não é certificado porque tem como tradição comercializar o queijo fresco.

Para que fosse possível conseguir essa certificação, eles teriam de mudar o processo de produção, como não usar mais leite cru. Mas a tradição manda produzir queijo com o leite cru, que é comercializado fresco ou verde, e nessa fase as bactérias patogênicas são mais ativas. Assim, uma saída seria a pasteurização. Porém, os queijeiros torcem o nariz dizendo que leite pasteurizado não dá queijo-de-minas. Por que mudar? Sempre fizemos assim, dizem os queijeiros.

Segundo o coordenador técnico do Projeto de Melhoria do Queijo Artesanal da Emater-MG, é possível fazer queijo seguro com leite cru, desde que se siga à risca as práticas determinadas pela Anvisa – Agência Nacional de Vigilância Sanitária –, que se estendem por toda a cadeia produtiva. "Começa na saúde do rebanho, passa pelos cuidados com as instalações e com a água e termina na embalagem e no transporte", diz o técnico.

Sem dinheiro para se adequar às normas, os queijeiros pararam de produzir. A proibição afetou diretamente a economia de 45 municípios da região, que tiveram de deixar de vender leite e manufaturar o queijo. Como afirma um extensionista da EMATER-MG, a produção desses pequenos produtores era o meio de sua sobrevivência; por a região apresentar uma geografia de altas montanhas e vales, é de difícil produção de outras culturas.

Para contornar a situação, técnicos da vigilância sanitária percorrem as propriedades para levar informações aos produtores, a fim de que eles se enquadrem dentro das normas. Todavia, apesar do Pronaf – Programa Nacional de Agricultura Familiar – emprestar dinheiro para que os queijeiros façam suas Casas de Queijo, os produtores sentem temor em fazer o financiamento.

A certificação exige estudo para determinar o impacto econômico e cultural do produto na região. Se continuarem produzindo os queijos-de-minas sem a certificação, os queijeiros passariam pela lei à condição de clandestinos.

Suely Gonçalves, *Globo Rural*, abril de 2007

É interessante que o professor-educador faça um contraponto a esse evento ocorrido no Brasil com o que houve na Europa. Nessa região, há um movimento que desde 1986 luta em defesa da produção e do consumo de alimentos tradicionais *(Slow Food)*. Esse movimento conseguiu impedir que os queijeiros pertencentes à Comunidade Econômica Européia continuassem a produzir queijo com leite cru sem passar pelo processo de pasteurização, sendo essa uma reivindicação dos agentes de saúde pública desses países.

Logo a seguir é apresentada uma reportagem para que ocorra um diálogo *problematizador* entre professores-educadores e extensionistas e, num segundo momento, entre extensionistas-educadores e os agricultores.

O *Slow Food* e o queijo de leite cru

A pasteurização do leite mata os microorganismos potencialmente perigosos que podem resultar do armazenamento a temperaturas impróprias ou do uso de leite mungido de animais doentes. No entanto, quando o queijo é feito com cautela, em pequena escala, a pasteurização é um passo desnecessário que mata a microflora benéfica, que contribui para o seu sabor característico. Não é por acaso que muitos dos grandes queijos no mundo são queijos de leite cru, do *Parmigiano Reggiano* ao *Roquefort* e *Emmenthaler*.

Em 2000, o *Slow Food* recolheu 20.000 assinaturas para o seu *Manifesto em defesa do queijo de leite cru* (disponível em www.slowfood.com), para proteger os direitos dos queijeiros nos países onde leis higiênicas são demasiadamente zelosas, dificultando cada vez mais a produção de queijo de leite cru. Em todas as fortalezas de queijo do *Slow Food*, este é produzido a partir de leite cru, e esse movimento nos EUA, na Irlanda, no Reino Unido e na Austrália está particularmente focalizado na proteção dos direitos dos produtores de fazer os seus queijos.

O Manual Slow Food (2007)

• ***Tipos de certificação***

O conhecimento das várias formas de certificação que podem receber os produtos rurais é de fundamental importância para os extensionistas. É por meio dessas certificações que o produtor rural poderá agregar maior valor aos seus produtos.

Assim, o professor-educador deverá explicar os tipos de certificações existentes para os extensionistas e discutir quais as certificações que cabem aos produtos tradicionais de cada região. Os extensionistas devem possuir o conhecimento da serventia das certificações e qual o meio de consegui-las.

Carne do Pampa Gaúcho, selos de indicação de procedência

A indicação de procedência conseguida fez um associativismo, o APROPAMPA, associação que reúne os criadores de carne do pampa gaúcho da Campanha Meridional para a valorização da cultura produtiva da região. O selo conseguido abriu as portas para o mercado, como o frigorífico do Mercosul, sendo ele uma vantagem comercial a mais. A expectativa futura, diz o secretário da associação, é que mais pecuaristas sejam associados, pois sendo a União Européia a principal compradora da carne do pampa gaúcho, é muito importante que se tenha uma certificação valorizada pelos países do bloco.

Mariana Caetano, *Globo Rural*, agosto de 2007

- ***Comercialização dos alimentos tradicionais***

A comercialização dos alimentos tradicionais é um fator fundamental para que o produtor rural consiga ter uma melhor qualidade de vida. Dessa maneira, o extensionista-educador deverá dominar os elementos estratégicos que envolvem a comercialização. Para tanto, apresentamos um estudo de caso relativo à comercialização de alimentos tradicionais.

Vinho, sucos e vinagre de uva do extremo oeste do Estado de Santa Catarina (I)

A propriedade rural está localizada no extremo oeste do Estado de Santa Catarina. Ela processa e disponibiliza para a venda (direta ou por meio do varejo ao consumidor final) produtos derivados da uva. De maneira geral, a estratégia de mercado/produto empregado pelo agricultor é o de atuar em mercados com produtos não populares e com maior valor agregado, assim a concorrência se faz pela diferenciação de produto. Para os próximos anos essa mesma estratégia será mantida, como relatou o agricultor.

Os três principais produtos em termos de faturamento atual são os manufaturados de uva, como: vinho por volta de 80%, suco de uva 15% e vinagre 5%. Para os próximos dois anos, o agricultor irá aumentar a quantidade dos produtos suco (20%) e vinagre (20%). Essa mudança de estratégia reflete a situação atual dos vinicultores dos estados do Sul do país. Por causa da proximidade geográfica com a Argentina, grande produtora desse produto, ocorre uma competição desigual, tanto em preço como em qualidade, favorecendo um maior consumo do produto oriundo desse país.

Na propriedade rural foram encontradas algumas particularidades no que se refere a seus processos produtivos e canais de comercialização. Em relação ao seu processo produtivo, ela compra de fornecedores selecionados 50% do total de uva in natura que é empregada nas suas linhas de produção. Para o futuro, essa porcentagem pode elevar-se, caso aumente a demanda do mercado consumidor. Quanto aos canais de comercialização, a propriedade rural possui dois. O primeiro é o mais tradicional, disponibilizando os produtos para os varejistas (supermercados da região). O segundo canal é a venda direta para o consumidor final, por meio de um ponto de venda localizado dentro da propriedade, agregando mais valor ao produto.

adaptado de Zuin (2007b)

- ***Processo de desenvolvimento de produtos de alimentos tradicionais***

Para que o professor-educador possa dialogar com os extensionistas sobre o modelo de PDP rural, a seguir encontra-se um relato de diagnóstico realizado em uma propriedade rural que planta e manufatura derivados de uva, localizada no oeste do Estado de Santa Catarina.

Vinho, sucos e vinagre de uva do extremo oeste do Estado de Santa Catarina (II)

A dinâmica de inovação de produto da propriedade rural em questão é focada em lançamentos periódicos de novos produtos, seguindo o líder de mercado.

Macrofase pré-desenvolvimento

Tanto os seus objetivos ligados ao PDP rural como o monitoramento das necessidades do consumidor são atividades realizadas de forma empírica; essa incerteza gerencial pode, com o tempo, levar a uma situação de risco.

Para o produtor rural, apesar de acreditar na importância de se realizarem as atividades que envolvem os estudos de capacidade, financeiros e mercadológicos, para a seleção correta de uma idéia para a produção de um novo produto, ainda não se implantaram esses estudos; entretanto, apresentam-se planos para serem implantados, com ajuda de institutos governamentais de extensão como o SEBRAE e o SENAI.

As atividades referentes à análise de mercado e do consumidor refletem o grau de importância dado para essas atividades. Para que o agricultor possa adotar com sucesso essas práticas, ele se propõe a buscar auxílio por meio de uma consultoria de uma empresa especializada.

Para o agricultor, a principal fonte de novas idéias é oriunda dos institutos de pesquisa governamentais que auxiliam na produção e no desenvolvimento de derivados de uva. No futuro, o agricultor pretende buscar novas idéias para o aperfeiçoamento dos seus produtos por meio de pesquisas de mercado, produtos dos concorrentes, empresas certificadoras, entre outras fontes. O agricultor não busca novas idéias para os seus produtos das empresas de assistência técnica e de insumos.

Na propriedade rural, verificou-se que as atividades referentes ao conceito da embalagem estão em um estágio mais avançado (início da implantação) do que o do produto. Nos próximos anos, elas deverão estar totalmente implantadas; para isso a empresa deverá buscar auxílio nas empresas de insumos para o desenvolvimento em conjunto de embalagens, principalmente para a nova linha de sucos de uva que ela pretende lançar no mercado consumidor. Para o correto desenvolvimento do conceito do produto, a empresa pretende capacitar os seus funcionários por meio de cursos oferecidos por universidades e institutos governamentais presentes na sua região.

Macrofase desenvolvimento
Fase Campo

Durante o PDP rural, o agricultor deverá realizar estudos relacionados com a fase em que o produto (cultura) está sendo cultivado a campo. O primeiro conjunto de estudos diz respeito à elaboração do projeto do produto e processo. A elaboração formal e organizada do projeto do produto encontra-se no início da implantação, havendo planos para que as atividades relacionadas ao processo sejam desenvolvidas em conjunto. Pelo planejamento da propriedade, essas atividades já estarão totalmente implantadas em curto prazo; novamente ela deverá recorrer a cursos de capacitação e empresas de consultoria.

O agricultor acredita na produção de um alimento seguro, por isso está iniciando a implantação de sistemas de garantia da qualidade, como as BPA e rastreabilidade, em seus processos. Para isso o agricultor está buscando ajuda em órgãos de extensão rural, como a EPAGRI, para cumprir com sucesso essa tarefa.

A realização de teste de cultivos (novos cultivares) é uma prática comum e muito importante; nesse tipo de produto, o agricultor busca com a adoção dessa atividade a melhoria constante. Na propriedade estudada, essa atividade encontra-se em estágio inicial de implantação; para isso o agricultor deverá contar com o auxílio dos técnicos de campo da EPAGRI, do extremo oeste de Santa Catarina.

Quanto ao emprego das normas das empresas certificadas nos seus processos produtivos, que irá propiciar à propriedade rural adquirir um selo de qualidade e possibilitar que agregue valor a seus produtos, atualmente não há interesse em adotá-las. Entretanto, em um futuro próximo, essa atividade já deverá ser uma realidade. Para isso, a empresa deverá procurar uma empresa certificadora que mais interesse a seus objetivos estratégicos.

Fase Processamento

O ato de projetar o produto e o processo simultaneamente são as duas atividades que iniciam a etapa de processamento do PDP rural. Na propriedade rural estudada, entretanto, nenhuma dessas atividades encontra-se implementada, mas em médio prazo elas deverão fazer parte de suas rotinas gerenciais. Para isso, a empresa está procurando ajuda em órgão governamental (SENAI) e, por meio de cursos, busca uma maior capacitação, bem como formar parcerias com empresa de insumos (ingredientes, embalagem, maquinário).

Quanto ao desenvolvimento dos protótipos de produto (e embalagem) e processo, o agricultor apenas realiza essa atividade em seus produtos. Em curto prazo, ela irá continuar utilizando para engarrafar suas bebidas (vinho, uva e vinagre) as embalagens de vidro; a médio e longo prazo a empresa irá procurar lançar os seus produtos em outros recipientes. A atividade denominada projeto do produto é conduzida informalmente por seu enólogo, que irá comandar os demais funcionários, responsáveis pelo cultivo da uva, pelo processo de fabricação (vinícola) e pela qualidade do produto e processo. Ao todo, a propriedade rural possui quatro funcionários. Essa atividade encontra-se no início do planejamento.

Uma das atividades técnicas mais importantes na produção de um vinho é o teste conhecido como análise sensorial. Por se tratar de uma propriedade rural com poucos anos de vida, esse tipo de teste começa a ser implantado nela de maneira formalizada pelo enólogo. Para os próximos anos não somente a análise sensorial será uma rotina, mas também outros testes nos produtos (laboratório e determinação de sua formulação e determinação da vida de prateleira do produto). Testes relacionados à produção do lote piloto, isto é, como esse novo produto se adapta à linha de produção, serão formalizados nos próximos anos. Não há planos para que a empresa realize testes em sua embalagem, pelo fato de que ela manterá o mesmo padrão empregado atualmente.

Para um futuro próximo, a propriedade rural pretende adotar em suas linhas e produtos sistemas e ferramentas de garantia da qualidade (BPF, BPH, APPCC, entre outras). Quanto ao sistema de rastreabilidade, a propriedade rural no momento está mais interessada em conhecer a origem de sua matéria-prima (tipos de uvas) do que dos seus produtos. Essa explicação sustenta-se porque a empresa adquire, anualmente, junto aos produtores dessa matéria-prima, 50% do total que emprega em suas linhas. Ela remunera os produtores baseando-se em alguns aspectos físico-químicos da uva (percentagem de açúcar do fruto).

No que se refere às atividades de lançamento de seus produtos no mercado, o agricultor emprega de forma rudimentar as técnicas gerencias dessa etapa. Para os próximos anos, a empresa buscará ajuda de empresas especializadas no lançamento de produtos alimentícios.

De forma geral, o agricultor está preocupado em abaixar seus custos de produção para competir com os produtos similares provenientes da argentina. Ele entende que a adoção de ferramentas e sistemas gerenciais possibilita um aumento dos seus padrões de qualidade, ao mesmo tempo em que diminui os seus custos de produção.

Macrofase pós-desenvolvimento

O agricultor, durante o PDP rural, não realiza estudos de previsão e planejamento do futuro do produto no mercado, apesar de identificar que essa atividade é muito importante. As atividades relacionadas à avaliação da previsão de sucesso de mercado (comportamento de compras e atitudes dos consumidores) e estudos de lançamento do produto no mercado são consideradas muito importantes pelo agricultor. Entretanto, essas atividades estão nos planos para serem implantadas, devendo fazer parte de suas rotinas gerenciais nos próximos anos.

Os estudos de conformidade estão em início do processo de implantação. Para isso, o agricultor busca capacitar os seus funcionários por meio de cursos em institutos governamentais. Análises internas relacionadas à eficiência e eficácia do processo devem estar implantadas também nos próximos anos, entretanto, atualmente não há planos para sua implantação.

Na empresa não existe um departamento exclusivo para o desenvolvimento de produto; o agricultor e o funcionário responsável pela gestão da qualidade são as pessoas que tomam as rédeas desse processo.

Os tipos de projeto desenvolvido atualmente pela empresa são 60% extensões de linha e 40% para produto novo, mas que já se encontra disponível ao mercado consumidor. Para os próximos dois anos, o agricultor pretende diminuir os lançamentos de alguns produtos (vinho) concentrando-se naqueles de maior sucesso comercial (suco de uva). Ele prevê que produzirá 80% dos produtos do tipo extensões de linha e somente 20% de produtos novos para propriedade rural. Atualmente, os lançamentos estão concentrados nos vinhos, introduzindo novas variedades de uva em suas linhas produtivas. Entretanto, o agricultor verificou que não consegue competir em preço e qualidade com os vinhos provenientes da Argentina. O agricultor planeja em curto prazo uma maior produção de suco de uva do que de vinho, buscando novos mercados no estado de São Paulo.

Gestão do PDP rural

O PDP da propriedade é conduzido por uma equipe de funcionários; um líder de equipe é sempre indicado e seus progressos sempre são relatados ao responsável pela propriedade rural. Essa liderança sempre é fixa (enólogo), e essa equipe desenvolve um projeto por vez. As pessoas que compõem a equipe de PDP rural se comunicam por meio de reuniões no local dos trabalhos.

Com relação a ferramentas e sistemas que auxiliam o PDP rural, a única que está mais avançada no seu processo de implantação é a análise sensorial, sem análise estatística dos dados. Outras ferramentas gerenciais, como "tempestade de idéias", *benchmarking* de produto e pesquisa de mercado, estão no início do processo de implantação. Demais ferramentas e sistemas farão parte de sua rotina gerencial em curto prazo; para tanto está procurando auxílio do SEBRAE para treinar os seus funcionários.

Medir o desempenho econômico em relação ao custo alvo dos produtos, na fase de pré-desenvolvimento, já faz parte das rotinas gerenciais do agricultor. Nessa etapa, essa medida de desempenho é considerada importante e se encontra no início do estágio de implantação: rendimento do produto na produção, desempenho técnico do produto em relação às especificações, à perspectiva de vendas e participação no mercado, respectivamente. Essas medições são realizadas em todas as macrofases do PDP rural.

Os clientes participam do PDP rural da propriedade rural por meio de seções de degustação, principalmente para os seus vinhos. Dentre os fornecedores, apenas os de equipamentos e matéria-prima participam do seu PDP rural, que se dá durante a macrofase de pré-desenvolvimento.

Resultados do processo de desenvolvimento de produto

Com relação ao tempo que a propriedade leva para desenvolver os seus projetos, os do tipo extensões de linha demoram por volta de três meses, enquanto que os produtos novos são disponibilizados no mercado em não menos que oito meses.

A taxa de sucesso dos projetos desenvolvidos na propriedade rural é por volta de 50%. A porcentagem de propostas (idéias) que são convertidas em novos produtos (efetivamente lançados) é 60%. A decisão de se desemvolver uma nova proposta ocorre na macrofase pré-desenvolvimento. As principais (e mais significativas) inovações de processo ocorridas na empresa nos últimos anos foi a compra de novas máquinas para a linha de produção, proporcionando um maior controle dos seus processos, aumentando a qualidade de seus produtos.

Problemas e tendências (perspectivas) do PDP rural

O agricultor relatou durante a entrevista que possui problemas com os seus funcionários, pois faltam na região pessoas especializadas no PDP rural de derivados de uva. Uma das conseqüências dessa baixa qualificação pode ser observada nas constantes modificações que sofre o projeto, durante o seu ciclo de vida. A equipe geralmente não é capaz de cumprir os prazos de término dos projetos. O agricultor ainda relatou uma grande dificuldade em atender a alguns aspectos legais do novo produto, achando muito complexa a burocracia estatal.

As perspectivas da propriedade em médio prazo são o lançar novas bebidas não alcoólicas (suco de uva) e investir em novas tecnologias para embalar esses novos produtos. A propriedade rural pretende, com esse novo tipo de produto, buscar novos mercados regionais, como os Estados de São Paulo e Paraná.

adaptado de Zuin (2007b)

Quinta Etapa

Diagnóstico em Propriedades Rurais e Regiões para o Processo e Desenvolvimento de Alimentos Tradicionais

Na última etapa, os extensionistas deverão ir a campo a fim de aprender a fazer um diagnóstico, considerando o contexto da propriedade, da região e do produtor relacionado à produção de alimentos tradicionais.

Para o professor-educador conduzir essa prática, apresentamos um roteiro de diagnóstico para servir de modelo aos extensionistas. O roteiro aqui apresentado, por motivos didáticos, encontra-se separado de acordo com o que deve o extensionista diagnosticar, todavia essa atividade deve ser realizada de maneira global.

Roteiro de diagnóstico do produto relacionado à região:

– Que produtos agroalimentares típicos existem neste município?

– Quais os mais importantes?

– Quais as matérias-primas e tecnologias usadas no seu processamento?

– Qual a situação desses produtos no que concerne a suas potencialidades?

– Quais as estratégias a serem adotadas para a valorização desse tipo de produto?

– Qual a situação deles frente ao mercado consumidor?

– Qual a situação geral do principal produto agroalimentar típico da regiaõ?

Roteiro de diagnóstico da propriedade rural relacionada à produção de alimentos tradicionais:

– Quais os produtos tradicionais que a propriedade pretende produzir?

– Quais as condições físicas da propriedade para a produção de alimentos?

– A propriedade possui maquinários para a produção?

– Como será feita a comercialização desse produto?

Roteiro de diagnóstico do produtor rural em relação à produção de alimentos tradicionais:

– Quem serão os produtores?

– Que alimentos tradicionais os produtores sabem produzir?

– Quais receitas serão utilizadas para a produção desses alimentos?

– Qual o diferencial desses produtos perante os de outros produtores?

– Qual a embalagem a ser utilizada para cada alimento produzido?

– Como o produtor pretende comercializar o seu produto?

– São alimentos já produzidos por eles?

– Existe a possibilidade de cultivar a matéria-prima na propriedade com relação aos fatores ambientais, climáticos e regionais?

Além de os extensionistas saberem diagnosticar a *região,* a *propriedade* e o *produtor rural*, a fim de identificar as carências gerenciais e técnicas dos agricultores, deve esse agente capacitá-los para a produção do produto alimento tradicional.

Para concluir, pensar em "capacitação e extensão" é pensar em práticas educativas que permitam ao homem emancipar-se e tornar-se sujeito de seus processos produtivos.

7.4. Capacitação dos Produtores Rurais

No processo de capacitação dos produtores rurais, é necessário que os extensionistas-educadores utilizem os procedimentos metodológicos de Paulo Freire para conduzir o processo de ensino-aprendizagem.

O trabalho dos extensionistas-educadores deve partir da realidade do produtor rural. Os extensionistas têm o dever de considerar todas as experiências do produtor rural, como o contexto no qual eles estão inseridos, suas vivências, histórias, condições e aspirações.

Nesse sentido, o extensionista-educador deve também aproximar a sua linguagem à linguagem dos produtores rurais, para que estes compreendam os conhecimentos e procedimentos ensinados.

Isto posto, o trabalho do extensionista-educador deve orientar-se por meio do *diálogo-problematizador* a partir de temas geradores, sendo esses oriundos dos próprios produtores rurais.

Com base na teoria de Paulo Freire (capítulo seis desta obra), salientamos abaixo os princípios pedagógicos que devem orientar a prática dos extensionistas-educadores:

– relação entre teoria e prática, visando a transformação da realidade do produtor;

– relação entre ensino e capacitação, ou seja, a consciência que capacitar é o mesmo que ensinar, pois se trata da construção e apropriação de conhecimentos e procedimentos;

– ensino contextualizado com a realidade do produtor e de seu meio rural;

– valorização dos conhecimentos e experiências dos alunos, sendo este o ponto de partida para o ensino; e

– educação para o trabalho e pelo trabalho, com ênfase na parceria entre extensionista e agricultor.

Desta forma, a capacitação dos produtores rurais deverá ocorrer em quatro etapas. A primeira é concernente à capacitação dos produtores rurais na produção de alimentos tradicionais. A segunda condiz à capacitação no Modelo de Processo e Desenvolvimento de Produtos Rurais, proposto por Zuin e Alliprandini. A terceira etapa refere-se à aplicação do modelo de processo e desenvolvimento de produtos rurais – PDP rural – referentes à produção de alimentos tradicionais. A última refere-se à certificação para os produtos tradicionais como forma de agregar maior valor aos produtos manufaturados.

Primeira Etapa
A Produção de Alimentos Tradicionais

Nesta etapa, o extensionista-educador deverá encaminhar os diálogos com os produtores rurais sobre o alimento tradicional.

Utilizando temas geradores, por meio de diálogos, os extensionistas-educadores deverão conceituar esse produto, mostrar o valor histórico que eles possuem, ressaltar a importância da tradição na cultura humana e também no alimento, salientar o quão é essencial o resgate desses alimentos.

Isto posto, os extensionistas-educadores deverão averiguar com os produtores quais os alimentos tradicionais que esses já produzem, quais as receitas passadas de geração em geração que são apreciadas pela família e amigos, resgatando a importância de sua produção para a valorização de seu trabalho.

Sendo assim, os extensionista-educadores podem abordar as seguintes questões, a fim de que se inicie um diálogo com os produtores:

– Já ouviram falar sobre alimentos tradicionais, regionais, artesanais ou coloniais?

– Quais receitas de alimentos vocês conhecem que foram passadas de geração em geração?

– O que são os alimentos tradicionais?

– Por que esses produtos também são chamados de produtos artesanais?

– Quais as características desses alimentos que permitem classificá-los como tais?

– Por que esses alimentos são chamados de produtos com história?

– Como se aprende a fazer esses alimentos?

– Qual a melhor forma de conservá-lo?

– Qual a relação do alimento com a memória?

– Qual o papel da mulher na produção de alimentos tradicionais?

É necessário esclarecer que essas questões são norteadoras do trabalho do extensionista-educador, devendo ele considerar a comunicação dos produtores rurais.

Faz-se necessário salientar que a capacitação de produtores rurais no PDP rural – alimentos tradicionais – pode e deve envolver toda a família, uma vez que a mulher assume um papel relevante na produção desses alimentos.

Segunda Etapa

Capacitação dos Produtores Rurais no Modelo de Processo e Desenvolvimento de Produtos Rurais (PDP rural): *alimentos tradicionais*

Na capacitação do produtor rural no modelo proposto por Zuin e Alliprandini, o extensionista-educador deve adequar as terminologias à linguagem do produtor rural.

Os conteúdos abordados pelos autores sobre a gestão do processo e desenvolvimento do produto são de fundamental importância aos produtores rurais, pois é por meio de sua compreensão que eles conseguirão inserir com sucesso o seu produto no mercado.

Tal como descrito, o modelo centra-se em três fases denominadas macrofases. Através do diálogo, os extensionistas deverão apresentar os conceitos de forma que façam sentido.

Isto posto, cada fase poderia ser denominada como:

- Macrofase Pré-Desenvolvimento – Fase de Planejamento do Alimento Tradicional.
- Macrofase Desenvolvimento – Produção do Alimento Tradicional.
- Macrofase Pós-Desenvolvimento – Análise do Alimento no Mercado Consumidor e na Propriedade Rural.

- ***Macrofase Pré-Desenvolvimento – Fase de Planejamento do Alimento Tradicional***

Sendo esta a fase de planejamento do alimento a ser desenvolvido, cabe ao extensionista junto com o produtor:

– Verificar os objetivos estratégicos para desenvolver alimentos tradicionais para a comercialização.

– Identificar quais são as necessidades do mercado consumidor.

– Verificar as idéias que o produtor possui para a produção desse alimento.

– Analisar os recursos financeiros e as condições físicas da propriedade e do produtor para a fabricação desses alimentos.

– Estipular o alimento ou os alimentos que serão produzidos.

– Encontrar uma embalagem para esse alimento.

– Formar, em parceria com o produtor, o conceito (tamanho, formato, embalagem) desse produto.

- ***Macrofase de desenvolvimento ou Produção do Alimento Tradicional***

Esta fase trata da materialização do produto a ser desenvolvido. De acordo com o modelo proposto por Zuin e Alliprandini (2006), esta fase se subdivide em outras duas: atividades de campo e/ou criação animal e de processamento.

Dessa forma, o extensionista poderá conduzir a aprendizagem dessas atividades por meio de diálogos problematizados a partir das seguintes questões:

a) Com relação às atividades de campo:

– Para o desenvolvimento do meu alimento tradicional, que tipo de animais e insumos terei de empregar?

– Minha propriedade rural possui mão-de-obra para produzi-lo?

– Temos maquinários?

b) Com relação às atividades de processamento:

– Qual a embalagem mais apropriada para o meu alimento?

– Preciso selecionar e treinar os produtores?

– Necessito comprar novos maquinários? De que tipo?

– Quem serão meus distribuidores?

Respondidas essas questões que já foram problematizadas e refletidas criticamente, é confeccionado o protótipo do produto e se iniciam vários testes relacionados à vida de prateleira do produto e à análise sensorial, e testes de embalagem. A partir da validação do produto, iniciam-se a sua produção e o seu lançamento no mercado consumidor.

- ***Macrofase Pós-Desenvolvimento – Análise do Alimento no Mercado Consumidor e na Propriedade Rural***

Esta fase refere-se aos estudos que serão realizados nos ambientes internos e externos à propriedade rural, devendo o extensionista-educador mensurar junto com o produtor a eficiência do processo de desenvolvimento do alimento, encontrando soluções conjuntamente. Assim, o extensionista-educador pode questionar junto ao produtor:

– A forma como foi produzido o alimento foi a melhor maneira? Por quê?

– O que pode ser feito para melhorá-lo?

Com relação ao ambiente externo, o extensionista em parceria com o produtor deve:

a) Avaliar o sucesso do alimento tradicional no mercado, com as seguintes questões norteadoras:
– Quais foram os fatores que fizeram com que o produto tivesse sucesso?
– A embalagem agradou o consumidor por quais motivos?

b) Fazer o planejamento do futuro do produto:
– Quando oferecer o produto tradicional em novos conceitos (formatos, tamanhos, embalagem, entre outros atributos)?

Essas informações serão empregadas durante o processo de melhoria contínua da propriedade rural e da produção.

Nesse sentido, cabe ao extensionista-educador, junto com o produtor, criar um sistema de documentação sobre o produto, isto é, a criação de *portfólios* dos produtos desenvolvidos. A criação desse sistema tem como finalidade facilitar o desenvolvimento de novos produtos ou mesmo assegurar a manutenção deles no mercado consumidor.

Terceira Etapa
Aplicação do Modelo de Processo e Desenvolvimento de Alimentos Tradicionais

Nessa etapa o extensionista-educador deverá atuar junto com o produtor para que ele tenha sucesso no processo, no desenvolvimento e na comercialização de seu alimento.

Desta maneira, é nesse momento que a parceria e a relação de ensino-aprendizagem se materializam, ou seja, quando o extensionista-educador e o produtor, juntos, desenvolvem uma ação *no trabalho* e *pelo trabalho*.

Para melhor visualização do extensionista-educador, apresentamos abaixo um exemplo de aplicação do modelo por meio de processo e desenvolvimento de alimentos tradicionais.

Emprego do PDP rural para alimentos tradicionais

Suponhamos que o produtor rural queira produzir compotas e doces tradicionais.

Estando o modelo dividido didaticamente em três macrofases, isto é, pré-desenvolvimento ou *fase de planejamento do alimento tradicional*, desenvolvimento ou *produção do alimento tradicional* e pós-desenvolvimento ou *análise do alimento no mercado*, o extensionista, junto com o produtor, deverá proceder da seguinte maneira em cada fase.

• *Macrofase de pré-desenvolvimento ou planejamento do alimento tradicional*

Juntamente, o extensionista-educador e o produtor deverão definir os seus objetivos estratégicos e a identificar as necessidades dos consumidores para decidirem quais tipos de compotas e doces produzirem.

Essas informações irão propiciar a idéia de qual produto produzir, isto é, compota de morango, de figo, amora, uva, doce de leite, doce de laranja, doce de figo etc.

Essa idéia pode originar-se tanto no ambiente interno como externo à propriedade, por exemplo: por meio da comunicação com os consumidores eles podem verificar quais doces e compotas são mais saborosas para eles; quais são os produtos concorrentes, qual compota é mais vendida, qual o sabor que mais sai, qual o doce mais vendido etc.

Num segundo momento, os produtores e os extensionistas-educadores deverão coletar e analisar as informações que estiverem de acordo com os objetivos da propriedade e necessidades do mercado. Por exemplo, a necessidade do mercado é a compota de morango, porém a esposa do produtor rural sabe fazer uma compota de doce de figo como ninguém. Diante disso, o extensionista-educador, junto com o produtor, deve estudar e analisar o objetivo do produtor, que é fazer compotas e doces de figo, e contrastá-lo com a necessidade do mercado.

O próximo passo do modelo é o de avaliação e escolha das melhores idéias em que serão analisados, por meio de estudos, os aspectos financeiros e mercadológicos para produzir um novo produto. O produtor e o extensionista-educador irão verificar o quanto gastarão para cada tipo de doce e compota, bem como o preço a que será comercializado. O estudo financeiro é de fundamental importância, pois deverá garantir o retorno financeiro esperado para o investimento do novo produto. Os custos de projeto, processo, lançamento, entre outros, deverão ser contabilizados nesse momento.

Nessa etapa, o extensionista-educador deve averiguar se o produtor rural possui a capacidade de produzir o novo produto, considerando a sua complexidade técnica e gerencial.

Analisadas essas questões, começam a ser desenvolvidos os conceitos do produto e da embalagem.

O conceito do produto é o resultado dos requisitos de consumidor final, clientes, legislação e empresas certificadoras, isto é, o resultado das variáveis dos ambientes institucionais e mercadológicos.

Nesse momento, o produtor deverá definir qual a forma de seu doce (tamanho), e que tipo de doce (de leite, de morango, de figo) e de compota (compota de amora) irá ser produzido, bem como o tipo de embalagem para sua conservação (vidro).

O conceito do produto pode ser definido como sendo a somatória de todos os atributos de qualidade que o produto deverá possuir (desde a matéria-prima até a sua concretização), afetando positivamente a preferência do consumidor final para o novo produto. O conceito da embalagem deverá ser capaz de responder questões do tipo: *o que a ela deve ser (e fazer) pelo sucesso do produto?*

Os conceitos do produto e da embalagem correspondem à saída dessa primeira macrofase.

- ***Macrofase desenvolvimento ou produção do alimento tradicional***

Nessa fase o planejamento do modelo de desenvolvimento do alimento começa no campo, na produção correta da matéria-prima que irá abastecer a etapa de processamento. Por exemplo, para a fabricação de doces e compotas de morango, deverão ser plantados morangos, assim como outras frutas que servirão para a produção desses alimentos tradicionais, considerando a sazonalidade do produto.

A fase de processamento dos alimentos deve ser iniciada com o correto planejamento do cultivo de frutas, vegetais (sem a utilização de agrotóxicos – o que equivale a produtos orgânicos) e/ou criação de animais a campo, que deverá obedecer aos padrões de qualidade impostos pelo mercado consumidor e/ou ambiente institucional. É importante responder perguntas como: *quais os requisitos para a obtenção de certificação de orgânicos ou de certificado de origem (como a indicação de procedência e aspectos ligados à vigilância sanitária)?*

As atividades do PDP no campo iniciam-se com a definição de testes que serão empregados no produto e no seu processo. Para fins didáticos, dividimos as atividades concernentes ao produto e ao processo.

• *Atividades que devem ser empregadas no produto:*

Com relação ao produto, devem ser definidas as características que o mesmo deve ter para atender ao mercado consumidor, como:

– sabor;
– textura;
– cheiro;
– tamanho; e
– embalagem.

• *Atividades que devem ser empregadas no processo:*

No que se refere ao processo, devem ser consideradas:

– as formas de cultivo e/ou manejo da criação com referência às normas da empresa certificadora.

A título de exemplificação, os alimentos tradicionais recebem a certificação pelo processo ao qual eles passaram. Nesse estágio, podem ser realizados testes de cultivo (e/ou criação) e maquinário para a escolha da melhor variedade, de acordo com as características da região em que a propriedade se encontra localizada. Esses testes deverão estar de acordo com as necessidades e expectativas do mercado consumidor.

A preocupação com um alimento seguro deve originar-se antes do preparo do solo e plantio; é necessário escolher insumos agrícolas que não são conflitantes com padrões de qualidade preestabelecidos (como no caso da obtenção do certificado de produto orgânico). Essa preocupação está presente em todos os momentos dessa etapa, durante o preparo do solo, o plantio e a colheita.

Nesse momento deverá ser empregada a ferramenta de garantia da qualidade Boas Práticas Agrícolas (BPA) e iniciado o processo de rastreabilidade do produto. Por meio de um sistema de rastreabilidade, o empresário rural deverá possuir a capacidade de identificar o histórico do produto dentro da sua propriedade, quando esse for exigido por algum agente da cadeia produtiva.

Deverão também ser coletadas e armazenadas informações que dizem respeito à área em que foi realizado o plantio na propriedade, os tipos de insumos empregados durante o processo, entre outros aspectos. Essas informações irão constituir o portfólio do produto.

- *O estágio de processamento do produto*

Esse estágio refere-se ao projeto do processo e produto, sendo eles distintos da etapa anterior.

a) Projeto do processo é a atividade que tem como objetivo definir os meios específicos a serem utilizados pelas forças operacionais de forma a se atingirem os objetivos e as metas do produto.

b) Projeto do produto diz respeito às determinações de suas especificações.

Para a elaboração desses projetos, deverá ser levado em conta o emprego de ferramentas de garantia da qualidade como:

– Análise de Perigos de Pontos Críticos de Controle (APPCC).
– Boas Práticas de Fabricação (BPF).
– Boas Práticas de Higiene (BPH).
– Continuar com a Rastreabilidade do Produto.

Com base nesses aspectos, são confeccionados os protótipos do produto e da embalagem, e esses se tornam físicos. Durante essa etapa devem ser realizados testes referentes à embalagem, análise sensorial, determinação da vida de prateleira, entre outros.

Sendo o protótipo aprovado pela equipe, inicia-se a produção do lote piloto. Nesse momento deverá ser chamada a empresa certificadora para que ela realize a auditoria tanto do produto como do seu processo. Tendo a propriedade rural recebido o certificado, inicia-se imediatamente a produção.

Para finalizar essa macrofase, dar-se-á o planejamento do lançamento do produto no mercado.

- ***Macrofase de pós-desenvolvimento ou análise do alimento no mercado***

O lançamento do produto no mercado refere-se à última fase. Esse estágio caracteriza-se por atividades relacionadas a alguns estudos e avaliações, internos e externos à empresa rural, como:

– estudo da qualidade do produto e eficiência da produção;
– estudo do comportamento de compra – atitudes dos consumidores;
– avaliação da previsão de sucesso no mercado; e
– previsão e planejamento do futuro do produto.

Essas avaliações são relevantes, pois ainda que sejam tomados os devidos cuidados, sempre é um grande risco a introdução de um novo produto no mercado e, sendo um sucesso, esse produto é rapidamente copiado pelos concorrentes.

Outro aspecto não menos importante refere-se à forma com que a propriedade rural irá tratar o fluxo de informações que surgirão durante todo o PDP rural. Dessa forma, a empresa deverá desenvolver um sistema de documentação que alimente o seu portfólio dos produtos desenvolvidos.

Quarta Etapa

Certificação para os produtos tradicionais: *agregando maior valor aos produtos manufaturados*

Nessa etapa, o extensionista-educador, juntamente com o produtor, deverá averiguar quais as certificações que os produtos produzidos podem receber para garantir a sobrevivência deles no mercado.

Por isso, é essencial que os pequenos produtores conheçam um conjunto de práticas necessárias para a certificação de maior complexidade no que se refere a suas normas. Assim, certificações de boas práticas agrícolas, boas práticas de produção, são precondições para se angariar, por exemplo, uma certificação de ISO 22000.

7.5. Conclusão

Neste capítulo, procurou-se relatar quais os conteúdos que devem ser tratados pelos capacitadores (professores-educadores, extensionistas-educadores e agricultores-educadores), assim como os procedimentos metodológicos que poderiam conduzir o processo de ensino-aprendizagem dos extensionistas e dos produtores rurais, com base na teoria de Paulo Freire.

Considerar a realidade, o contexto e as vivências dos educandos é essencial aos capacitadores, assim como já salientamos. Nesse sentido, os capacitadores (professores e extensionistas) devem desenvolver o seu trabalho sem separar o aspecto técnico (dos procedimentos e conteúdos ensinados) do aspecto cultural, ao qual estão inseridos os produtores rurais. Somente assim haverá a comunicação e não a invasão cultural que está contida no ato de estender.

A prática de capacitação necessita ainda de uma avaliação constante sobre a forma de condução da relação de ensino-aprendizagem. Assim, é extremamente importante que os capacitadores avaliem junto com os aprendizes essa prática, para que juntos possam apontar os erros e acertos para transformar as futuras práticas.

Portanto, estando a capacitação técnica além da técnica, o papel dos capacitadores é o de contribuir para a transformação social desses pequenos produtores rurais.

Referências bibliográficas

ZUIN, L. F. S. "Agregando valor às *commodities* agrícolas", in BRIDI, A. M.; Fonseca, N. A. N.; ABERCIO DA SILVA, C.; PINHEIRO, J. W. (Org.). *A zootecnia frente aos novos desafios.* 1ª ed., Londrina: UEL, v. 1, 2007a, p. 151-172.

ZUIN, L. F. S. *Processo de desenvolvimento de produtos em empresas rurais: proposta de modelo de diagnóstico e estudos de caso.* Tese de Doutorado. São Carlos: UFSCar, 2007b, p. 136.

ZUIN, L. F. S.; ALLIPRANDINI, D. H. "Gestão da inovação na produção agropecuária (GIPA)", in ZUIN, L. F. S.; QUEIROS, T. R. (Org.). *Agronegócios: gestão e inovação.* 1ª ed., São Paulo: Saraiva, v. 1, 2006, p. 252-278.

Considerações Finais

No mundo da alimentação sustentável,
não pode haver sucesso sem as comunidades de produtores,
transformadores, distribuidores e pequenos retalhistas
que trabalham com a mesma paixão,
a mesma filosofia, a mesma honestidade, e tudo isso
graças aos comunicadores que se dirigem aos consumidores.

Carlo Petrini, Caracol, 2002

DURANTE esta obra, evidenciamos a importância dos alimentos tradicionais, tendo como finalidade contribuir com os pequenos produtores rurais naquilo que eles sabem fazer de melhor, que é a produção desse tipo de produto. Para tanto, apresentamos um modelo de processo e desenvolvimento de produtos (PDP rural) para a produção de alimentos tradicionais, que ajudaria os pequenos agricultores a agregar valor a suas *commodities* agrícolas, aumentando a sua renda, melhorando a sua qualidade de vida, graças à gestão de todo o processo de manufatura desses alimentos.

A produção de alimentos tradicionais objetiva ainda resgatar a história e a cultura presentes nesses alimentos, perdidas com a fabricação em massa pelas agroindústrias e o consumo exacerbado de alimentos industrializados. Este fato deixou às margens, da economia e da sociedade, os pequenos agricultores, que, não conseguindo competir com a produção em massa dos produtos do tipo *commodities*, continuaram produzindo os alimentos chamados artesanais, tradicionais ou típicos, porém com pouco valor agregado, seja referente ao reconhecimento de seu valor cultural, seja em relação ao seu valor financeiro.

O fato de os alimentos industrializados terem invadido a maioria das residências em todo o mundo trouxe, e continua trazendo, sérios problemas de saúde para toda a população. Essa realidade fez com que surgissem interesses e campanhas pela volta dos antigos hábitos alimentares. Junto a essas campanhas, nasceu o movimento *slow food*, que, ultrapassando o sentido apenas da relação alimentosaúde, enfatiza a necessidade de se preservar, por meio da alimentação, a história de uma cultura.

É nesse momento que se abrem as portas do mercado para os pequenos produtores rurais. Diante dessas ocorrências, os consumidores estão começando a buscar a qualidade presente nos alimentos tradicionais. Mas, além da qualidade, os consumidores buscam também a cultura regional ou local que perpassa e transpassa a produção desses alimentos, em um movimento contrário à globalização.

Ainda que haja inúmeras barreiras não tarifárias, o movimento *slow food* tem contribuído, e muito, para que os pequenos agricultores continuem a produzir os seus alimentos de forma tradicional. Na Europa, o ambiente institucional tem sido um sistema aplicado aos produtos industrializados por meio da aplicação da legislação sanitária, já que para os pequenos agricultores mudar os sistemas de produção é mudar a qualidade de seus produtos, como no caso da produção de queijos com leite cru. Na busca de preservação do processo de manufatura desse tipo de alimento, foram criadas uma série de certificações que protegem esses produtos e ao mesmo tempo atestam a sua qualidade ao mundo globalizado. Um exemplo são os selos de certificados de origem, como o certificado de indicação de procedência.

Entretanto, defendemos que o alimento seja produzido com qualidade, sendo protegido de contaminações físico-químicas em toda a cadeia produtiva. Para isso se faz necessário que toda a cadeia produtiva adote medidas proativas relacionadas ao emprego de ferramentas e sistemas de gestão da qualidade como: BPF, BPH, APPCC, ISO 22000, entre outras.

Desta forma, pensando na valorização desses alimentos e, principalmente, de quem os produz, é que salientamos a sua importância para a saúde, relevância para a cultura e preservação para a história.

Diante desses pontos, propusemos o modelo de extensão, de forma a contribuir para com os agricultores, com a sua cultura e história, uma vez que são os homens que fazem a história.

Esperamos assim ter contribuído com a formação dos pequenos agricultores, que é a base de todo esse processo, de maneira a lhes fornecer subsídios para que possam também se emancipar, se organizar e continuar produzindo esses alimentos cheios de histórias.

Relação dos capítulos deste livro

Impressão e acabamento
Gráfica e Editora Santuário
Em Sistema CTcP
Rua Pe. Claro Monteiro, 342
Fone 012 3104-2000 / Fax 012 3104-2036
12570-000 Aparecida-SP